經營顧問叢書 ③③⓪

企業要注重現金流

劉裕濤　黃憲仁　編著

憲業企管顧問有限公司　　發行

《企業要注重現金流》

序　言

　　美國管理大師杜拉克認為「企業必須重視現金流量」，這個是百年來的真理。管理大師杜拉克指出，重視現金流量並不是新的經營趨勢，企業沒有利益仍能存續，但是現金流量如果無法週轉，會導致公司的破產。

　　企業的經營管理是一個複雜的過程，有許多瑣細的環節，其中牽一髮而動全身的就是財務管理。企業生財有道，還需理財有方。資金鏈出現問題，對於企業都是一個生死存亡的大問題，讓許多知名企業，或轟然倒下，令人歎息。

　　眾所週知，企業的現金流就像企業的「血液」一樣，只有讓企業的「血液」順暢循環，企業才能健康成長。現金流有力地支撐著企業價值，可以說，增進現金流就是創造價值，現金流阻塞就是企業倒閉的前兆。

　　現金流是一種卓越的企業財務理念，隨處可聽到「現金至尊」(Cash is King)的說法。一句看似平淡無奇的話，對現金流推崇有加：現金流比利潤更重要。

在爆發金融危機以後，企業界提出了「現金為王」的口號。沒有現金流，企業就無法生存。現金流比利潤更重要！

「真奇怪：公司明明獲利，為什麼還缺錢，非去借錢不可？」說這種話的人，通常是只懂得什麼叫銷售利益，對資金管理卻是一竅不通的人。

對公司而言，「利益」和「資金管理」是相輔相成、缺一不可的。那麼，利益和資金到底有什麼關係呢？常有人會拿一種運動來做比喻：「如果說利益是棒球，那資金就是打擊了。」利益是「棒球比賽」，利益是「棒球」，利益的計算期間是 6 個月和 12 個月各一次，所以，即使在前 11 個月裏都是赤字，仍有可能在最後一個月裏增加許多利益，以平衡過去的赤字；就如同打棒球，經常在第九局出現反敗為勝的情形一樣。

可是，資金是「打擊」，資金一旦不足，就會立刻被判出局。即使知道明天會有一百萬元的進賬，只要今天僅有十萬元的支票無法兌現，公司就會破產。經營企業絲毫不允許有一天的資金短缺，只要被擊倒過一次，恐怕就很難再爬起來了。

令許多經營者頭痛的，是企業規模擴大了，利潤卻減少了；企業的規模成長與利潤的增加，往往不能同步；更有甚者，企業成功後，在公眾的目瞪口呆中，崩塌於一夜之間，而倒閉的原因又驚人的相似：資金鏈斷裂！令人歎息！

許多企業往往只注重經營風險，忽視財務風險，常會導致資金鏈斷裂從而導致猝死。

現金流對初創企業的重要性就像血液是人體不可或缺的元素一樣，人體靠血液輸送養分與氧氣，只有血液充足且流動順暢，人

體才會健康，人才能維持生命與活力。如果動脈硬化、血管阻塞，人便有休克性死亡的危險。企業若沒有充足的現金就無法運轉，更可能危及企業生存。可以說，現金流決定著企業的生存和運作的「血脈」。

企業是以贏利為目的的，但當前不乏有一些企業刻意的追求高收益、高利潤。因此往往會有這樣一種錯誤的思想，認為企業利潤顯示的數值高就是經營有成效的表現，從而忽略了利潤所應該體現出來的流動性。

作為企業的資金管理者應當要能夠充分、正確地界定現金與利潤之間的差異，利潤並不代表企業自身有充裕的流動資金。

公司一直把注意力放在利潤表的數字上，卻很少討論現金週轉的問題。這就好像開著一輛車，只曉得盯著儀錶板上的吋速錶，卻沒注意到油箱已經沒油了。

一個公司經營的好壞不能僅僅看損益表（利潤表），很多公司都是在公司贏利的階段突然崩潰的，原因就是公司流動資金匱乏導致資金鏈斷裂後陣亡，很可惜的是，這些都不是被競爭對手擊敗的！

企業經常不知道如何更有效地管理現金流量，本書對企業裏普遍存在的現金流問題，提供了有價值的指導，對如何進行現金流管理做了詳細的介紹，簡潔明瞭，有助於企業實現和改善對現金流的管理。

本書簡單扼要，通俗易懂。本書大量採用圖表的形式講解現金流的管理方法，並配以諸多生動的實際案例，講解深入淺出，使讀者能夠掌握現金流管理最新的策略和方法。

本書是從企業管理的視角，來審視企業的現金流管理，專門解決企業在現金流中實際遇到的各種問題。

　　本書介紹各種實用的現金流管理方法，使讀者能夠在較短時間內瞭解和掌握現金流管理方面最新的方法。

　　本書適合下列讀者的需要：

　　承擔企業成敗的經營者。

　　需要理清企業現金流管理工作的企業高層主管。

　　承擔企業現金流管理工作的經理。

　　從事與現金流有關的具體操作人員。

　　與業務相關的各部門人員。

2018.07

《企業要注重現金流》
目　錄

第 1 章　現金流會決定企業存亡 / 12

　　企業經營，現金為王。現金流是驅動企業前進的基本動因，是一種資源，一個企業如果沒有現金流，是萬萬不能的。現金流是企業現金彙集的動態反映。

第 2 章　企業的現金流戰略 / 41

　　企業戰略是一個大系統，一個企業要想在當今空前激烈的市場競爭中生存發展、做強做大，必須現金流戰略。現金流戰略管理從屬於企業戰略管理，是其系統中的一個小分支，所以

企業的現金流戰略管理，須配合企業整體戰略管理模式。

第 3 章　如何輕鬆調度資金 / 61

公司的資金調度，關係到許多各式各樣的交易，與許多商業規則息息相關，經營活動現金流循環始終伴隨在企業生產經營活動之中。

第 4 章　強化資金週轉能力 / 84

週轉資金是短期內可以週轉的資金，是日常業務管理上所必須運用的資金。要讓一家公司成長，首先必須懂得如何調度資金，避免陷入週轉困難而影響企業營運，要針對週轉金的來源與支出建立良好的管理。

第 5 章　強化設備資金 ／ 107

　　一家公司要想持續發展事業，就必須投資許多的設備。設備資金來源必須是不需調度成本的自有資本，或短期間沒有還款麻煩的長期借款及公司債等固定負債。

第 6 章　簡易的資金週轉表 ／ 130

　　資金週轉表是將某段期間內的營業活動相關資金，按照收入項目與支出項目區分，以表示該段期間收支狀況的計算表。要想讓資金計劃達到最佳效果，也就是依照月別來訂定資金計劃，至少要一個月做一次。

第 7 章　中小企業的資金管理與運用 ／ 147

資金管理，要瞭解資金週轉困難到底源自那一個階段，可以編制財務狀況變動表，把資金的來源與運用逐項列出加以分析。資金管理主要是對公司本身的資金情況深入瞭解，然後再根據事實，對資金的運用與籌措採取適當的方法。

第 8 章　企業的融資診斷 ／ 180

企業不懂得融資的技巧，也難逃資金週轉不靈的厄運。要預防資金週轉不靈，最具體的方法是，要作好資金管理計劃，在每一預算期間內擬訂好「資金運用表」，以便掌握資金的動態。

第9章　合理籌資有技巧 / 204

診斷企業的財務狀況，發覺企業資金不足，或是企業週轉金不足，便要設法謀求改變，方法之一是設法合理籌資。

第10章　控制公司的現金收支 / 222

企業中的交易與現金有關，要善加管理。現金管理最重要的方法，是設立完善的內部牽制，從制度上嚴密加以防範控制，考慮利益以完成任務，考慮害處而巧避防範。

第 11 章　規劃運用銀行存款 / 246

　　企業大部份的錢是存在銀行裏面。銀行存款，有支票存款、活期存款、各種定期存款。銀行存款的運用，首先將在銀行裏面可以運用的項目先加以運用。銀行存款的管理，最主要的就是不能存款不足。對資金收入支出及餘額預先加以估計，以便做出適當固定的資金運用預估表。

第 12 章　企業要多少現金才合適 / 265

　　企業持有現金的目的是為了滿足日常生產經營的需要，其用途主要是滿足交易性需要、預防性需要和投機性需要三方面。企業要採用一定的方法找到一個最佳現金持有量，這一現金持有量既能滿足流動性要求，又能滿足盈利性的期望。

第 13 章　應收賬款拖久必變 / 283

銷售收入再多，也得看收回款項。應收賬款代表企業能獲得的未來現金流入。管理好應收賬款，有利於加快資金週轉，提高資金使用效率，維護企業利益，促進企業效益的提高。

第 14 章　存貨影響資金流通 / 303

存貨，是指企業在日常活動中持有以備出售的商品，存貨是多一點好，還少一點好？存貨管理的成本如何計算？企業應該如何走出存貨管理的偏失？這些都是庫存管理中必不可缺的，在公司的經營過程中，具有決定性的作用。

第 1 章

現金流會決定企業存亡

🔊 第一節　什麼是現金

現金是什麼？現金是驅動企業前進的基本動因，所以現金被形容為企業的血液。而現金在企業中是以流動的形式存在的，就好比人的血液在人體中流動一樣。對企業而言，現金承擔著企業的經營成本和費用，同時現金的流動又能帶來企業盼望的利潤。

對企業經營者而言，現金為王。在東南亞金融危機中，香港百富勤公司就因為拿不出 6000 萬美元的現金應付危機而導致被清盤，公司總裁感歎道：「現金為王。」

收入等於現金嗎？當然不等於，因為所有的銷售收入不一定都收到了現金。支付了現金一定會影響當期的費用嗎？不一定。費用不等於支付現金。收到的現金不一定全部是企業當期收入，支付的現金也不一定都是企業當期的費用，沒有收到現金的業務可能產生收入，沒有支付現金的業務同樣可能產生費用。

　　在東南亞地區爆發金融危機以後，企業界提出了「現金為王」的口號。沒有現金流，企業就無法生存。誰有現金，誰的抗風險能力就強。現金獲得的能力決定了企業未來的競爭力。

　　通過對現金流問題的研究，我們會吃驚地發現，全球除了兩家最大的國際商業銀行外，微軟是現金儲備量最大的企業，具備了700億美元的現金儲備。

　　當今企業的經營具有高風險。一個新產品出來後，如果後期產品不能跟上，中間就有一個停滯期。在這個停滯期中，企業必須有相當的現金儲備幫助員工度過。所以，現金流的問題不是簡單的小問題，實際上是牽扯企業生命線的大問題。

　　對於一個財務經理而言，現金至尊。一個企業如果沒有現金，是萬萬不能的。但擁有現金是要付出成本代價的。現金是一種資源，它本身有成本和價值，因此，為了更好地利用現金資源，首先我們要知道什麼是企業的現金。現金並不僅僅指我們常說的現鈔。現金具體包括：

　　⑴庫存現金：指企業財務部門為支付企業日常零星開支而保管的庫存現鈔，庫存現金的交換能力極強。

　　⑵銀行存款：指企業存放在銀行可隨時用於支付的現金存款。

　　⑶其他貨幣資金：指企業存在金融企業有特定用途的資金，如外埠存款、銀行匯票存款、銀行本票存款、信用卡存款、信用證保證金存款等。

　　⑷現金等價物：指企業持有的期限短、流動性強的投資。可隨時兌換成為已知數額的現金，並且不存在價值變動的重大風險的投資。現金等價物一般指從購買日至到期日短於三個月的短期債券投資。現金等價物雖然不是現金，但其支付能力與現金的差別不大，

可以視為現金。如果企業為保證支付能力而持有必要的現金，為了不讓現金被閒置，可以購買短期債券，以便在需要現金時隨時變現。

　　某企業年末資產負債表中的貨幣資金總額為 801 萬元，其中庫存現金 1 萬元，銀行存款 800 萬元。短期投資中三個月到期的國庫券 20 萬元。

第二節　什麼是現金流

　　現金與現金流關係非常密切，現金流是企業現金彙集的動態反映，而現金則是現金流的主體對象。它們之間的關係好比水與河流。但現金並不是自願流動的，其中既有企業維繫生存的經營無奈，也有企業管理現金行為的直接表現。

　　企業管理過程中，可以通過現金流量直接判斷企業經營活動，這種途徑比通過利潤表和資產負債表更直接，因為現金流量是企業直接經營活動的結果，關聯度最高。現金流量表背後隱含著很多信息，通過其現金來源，可以判斷企業主營業務是否健康，現金流量是否充足。例如，一家企業的現金流不是靠營業得來的，而是靠賣掉資產得來的，該企業就會有問題。通過現金流量，你可以判斷它是否是企業正常的經營活動的現金。比方說，當主營業務的現金流量不夠的時候，有大量的籌資現金進來，那麼，你就要連續觀察一段時間，看它的籌資活動的歸還程度如何，特別是短期融資，如果不能及時償還，就說明它主營業務的造血功能不足，沒有辦法歸還投資活動的週轉融資，這就會有風險。經營活動在不斷地流血，籌資活動不斷地去給它輸血，時間一久，這個企業就有問題。所以，

分析現金流可以直接判斷企業隱藏的經營風險。

　　現金流量表是反映企業會計期間內經營活動、投資活動和籌資活動對現金及現金等價物產生影響的會計報表。在進入現金流量表實際內容之前，我們首先來明確幾個定義。注意：這些名詞同日常理解的含義不同。

　　現金是企業內的庫存現金以及隨時可以支取的銀行存款。

　　現金流量表中的「現金」不僅包括「現金」帳戶核算的庫存現金，還包括企業「銀行存款」帳戶核算的存入金融企業、隨時可以用於支付的存款，也包括「其他貨幣資金」帳戶核算的外埠存款、銀行匯票存款、銀行本票存款和在途貨幣資金等其他貨幣資金。

　　但在企業中存在一些期限較長的定期存款，不能隨意支取，變現能力受限，不能作為現金流量表中的「現金」。

　　現金流是指企業因交易或其他事項而引起的現金增加或減少量，即現金流入和流出的數量。

　　現金流可以劃分為現金流入量、現金流出量和現金淨流量。

　　⑴現金流入即現金收進，會使企業的現金增加。增加的數量為現金流入量。

　　⑵現金流出即現金付出，是指企業因為支用和發生損失而付出的現金。現金流出會使企業的現金減少，減少的數量為現金流出量。

　　⑶現金流入量與現金流出量相抵後的差額，稱為現金淨流量，形態上表現為滯留在企業內部的現金存量。

圖 1-1　現金流動示意圖

現金流入量　　企業現金池　　現金流出量
　　　　　　（現金淨流量）

　　企業的現金淨流量就是我們通常講的企業現金池，從圖 1-1 中可以清楚地瞭解企業現金流動的過程。

　　眾所週知，現金是企業的一項重要資產，是企業所有資產中變現能力最強的資產。企業持有一定數量的現金，主要目的就是為了滿足交易性需要。企業日常的交易活動，如支付材料款、人員薪資、各種稅費、利息及派發現金股利等。而現金又是一種非盈利的資產，即使是銀行存款，其收益也非常低。因此，企業持有現金的動機之一就是進行投資，及時抓住市場機遇，獲取較大的投機收益，從而實現企業價值增值的最終目標。

　　由此可見，企業的現金存在的本質就是為使其流動，現金的性質和功能主要也是透過現金流動來體現的。而現金流量是現金流動性大小的動態表示，現金淨流量則是現金流動的相對靜止時刻的靜態表示。

　　由於現金流呈現為一個動態的過程，不斷有現金流入企業，同時不斷有現金流出企業。因此，現金淨流量可能是正數也可能是負數。

　　正數表示企業一定時刻現金流入數量大於現金流出數量，表明企業有現金餘額。

　　負數則表示企業一定時刻的現金流入量小於現金流出量，表明企業現金短缺。

　　如果企業的現金流入量與現金流出量相等，則現金淨流量為零，表示一定時刻企業的現金流動相對平衡，此刻企業的財務管理工作會較為簡單。實際上這種情況極少出現，現金流動的不平衡性是經常發生的，這也就是我們要加強現金流管理的初衷及必要性。

1. 現金流入與流出的來源

現金流入與流出的來源用圖 1-2 表示如下：

圖 1-2　現金流入與流出的來源

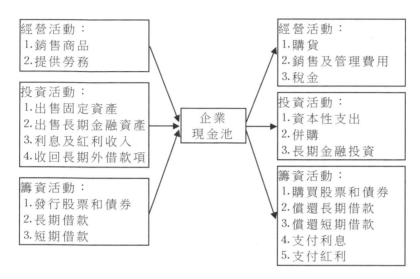

企業的那些活動會引起現金流量水準的變動呢？也就是那些活動將引起企業現金的流入與現金的流出呢？通常我們將現金流量按其產生來源劃分為三類：

(1)經營活動產生的現金流量

是指企業由於銷售商品或提供勞務、經營性租賃、購買貨物、接受勞務、製造產品、廣告宣傳、推銷產品、交納稅款等經營活動而發生的現金流入和現金流出。

(2)投資活動產生的現金流量

是指企業透過取得或收回投資、購建和處置固定資產、無形資產和其他長期資產等投資活動所產生的現金流入和現金流出。

(3)籌資活動產生的現金流量

籌資活動是指能導致企業資本及債務規模和構成發生變化的活動，例如吸收投資、借入資本、發行股票和債券、分配利潤、償還債務、支付利息等籌資活動而產生的現金流入和現金流出。

第三節　現金流量在企業中的作用

企業每一天都面臨著生存和發展兩大課題。為了生存，企業必須獲取現金來支付各種開銷，當企業現有的現金流短缺時，就必須透過外部的融資管道獲得必要的現金。從長期來看，企業從經營活動、籌資活動、投資活動中得到的現金必須足夠支付企業維持生產經營活動的最低開支。擁有良好的現金流量對於企業至關重要，現金流量在企業中的作用表現在以下方面：

1. 現金流量是進行企業價值判斷的重要指標

企業價值是對企業整體盈利能力的綜合評價，專家指出：「利用現金流量折現進行價值評估之所以最佳，在於它是要求完整信息的唯一標準。在評估價值時，必須具備長遠觀點，能夠在損益表和資產負債表上處理所有現金流量，並瞭解如何在風險調整基礎上比較不同時期的現金流。」

運用每股收益或者淨利潤等指標進行評估，會使企業注重短期利益，忽視企業價值的長期發展。利潤往往側重於對利潤表的管理，忽視了現金流動的實際數量和時間。由於財務信息的不對稱性，企業可以透過各種合理的或不合理的手段對利潤和每股收益等指標進行調整，達到某種目的，這樣會給企業價值評估造成誤導。

　　現金流量作為收付實現制核算得出的結果，不受財務會計政策調整的影響，是對企業經營狀況的如實反映。因此，利用現金流量進行企業價值評估，可以保證評估結果的科學性和真實性。

2.現金流量是企業持續經營的基本保障

　　企業的經營活動是一個包括材料採購、產品生產、銷售以及售後服務在內的循環往復的有機系統。在這個過程中，現金流量的循環與生產經營循環緊密地結合在一起。企業最初必須握有現金，用現金購買材料，支付工人薪資，進行加工，生產出產品暫時存倉作為存貨。

　　這樣，現金就由貨幣轉化為存貨，如果產品售出，則又轉化為現金，繼續下一個循環。

　　從以上分析可以看出，首先，企業新建時，必須籌集一定的現金，作為初始資本。如果沒有現金，企業就不能開始運營。其次，在生產經營中，企業必須保證現金流量的循環暢通性。一旦現金循環受阻，則意味著企業現金的流出大於現金的流入，企業沒有足夠的現金就不能從市場換取必要的資源，就會影響企業的生產經營，生產經營循環也就無法進行下去，企業沒有了產品就會萎縮，直至現金無法滿足維持企業最低的運營條件而倒閉。所以，現金流量是企業持續經營的基本保障，是維繫企業生產經營的血脈，是企業生存的根本前提。

3.現金流量是企業擴大再生產的資源保障

　　在市場競爭日益激烈的情況下，企業只有在發展中才能求得生存。企業擴大再生產就要求不斷更新設備和技術，要投入更多和更好的物質資源、人力資源等。在市場經濟中，各種資源的取得都需要支付現金，企業的發展離不開現金流量的支援。

任何要擴大再生產的企業都會遇到現金流嚴重短缺的問題。不僅固定資產的投資要擴大，還有存貨增加、應收賬款增加、營業費用增加，都會使現金流出量擴大。同時，不僅要維持當前經營的現金平衡，而且還要設法滿足企業擴大再生產的現金需要，並且力求擴大後的現金流出量不超過擴大後的現金流入量。因此，企業只有合理安排好現金流量，才能實現發展的目標。

4.現金流量是影響企業流動性強弱的決定因素

流動性是企業為償付其債務所持有的現金數額或透過資產轉化為現金的能力的描述。一個企業如果持有充分的現金，或者資產能夠在短期內轉化為現金來履行它的支付義務，則該企業具有流動性。

在企業經營中，流動性可以透過現金流量循環來創造。企業支付原材料、人工費等，將其轉化為可供銷售的產品或服務，最後從客戶那裏取得現金。正常的現金流量循環理應能夠保持企業的流動性。企業缺乏流動性，可能由於產品銷售不好，或者無法收回客戶所欠款。缺乏流動性就意味著企業無力履行已到期的付款義務。企業可能延期支付，也可能採取借款、發行股票或處置資產等緊急措施償還未付清的債務。如果企業缺乏流動性持續很長一個時期，就將造成嚴重的財務風險，企業會陷入無力償付的困境，導致最後清算破產。流動性問題是導致中小企業破產的主要原因。

第四節　現金流量與利潤相同嗎

現金流量與利潤都是企業衡量其經營活動的標準，但就企業在某一時期而言，兩者基本上不相等。利潤與現金流量的不相等，在生活中還表現為一種不平衡性。在一個企業中，現金流量和利潤並不總是同方向變化，現金流量大並不一定表示利潤大，反而經常出現以下情況：

1.賬面利潤大而現金流量不足

這是因為，企業在生產經營活動中，大量採用了賒銷方式，透過銷售而形成了賬面利潤，其中包括大量應收賬款。如果應收賬款不能及時收回轉換成現金，現金流量循環就會受阻，那麼，即使企業賬面利潤可觀，現金流量也會因為現金流入量不足以抵補生產經營所需要的現金流出量而發生償付危機，持續經營也會受到嚴重威脅。或者，由於銷售的迅速增長而造成對投資需求規模過大，導致盈利的企業在成長中破產。

2.賬面虧損而現金流量充足

這種現象也經常出現在衰退期的企業中。由於企業的技術設備貶值較快，採用加速折舊及加大攤銷費用等會計方法，抵減了利潤，甚至發生虧損。但由於以前應收賬款的大量回收，使同期現金流量加大，假如企業又無合適的投資項目，於是企業出現了利潤為負值而現金流量充分的情形。這種現象會對企業財務狀況產生不良影響，極不利於企業發展。

利潤和現金流量都是企業極為重要的財務指標，同時並存於企

業，反映和說明企業不同的財務內容，兩者既有聯繫又有著明顯差異。這種差異將對企業產生全方位的影響。

(1)資產價值虛增，導致企業超分配

在權責發生制下，一方面賒銷形成的應收賬款被確認，另一方面應收賬款面臨信用風險的考驗，難免會發生壞賬損失，使賒銷款項不能完全轉化為現金，結果造成企業資產虛增，賬面利潤誇大。由於確認了利潤，利潤的增加導致企業繳納的所得稅增加，現金流出量就會加劇；而在當前，企業與投資者決策過分依賴利潤指標，易造成盲目樂觀，從而加大職工獎金支出；而投資者盲目要求增加投資利潤的分配，也迫使企業增大現金流出的水準。

但是，虛增的盈利並不能給企業帶來真實的現金流入，相反，加大了現金流出量。為了維持，企業只好從經營資本中強行擠壓現金，這意味著企業資本被嚴重侵蝕，從而可能導致資產萎縮，現金循環不暢，企業財務狀況惡化。

(2)降低自有資本盈利能力，增大企業債務風險

由於企業的利潤不能順利有效地轉化為現金，企業銷售確認的收入不能滿足生產經營的支出，意味著企業現金短缺，現金流循環不暢。如果企業採用負債解決現金問題，那麼就會增大企業的資本成本，還本付息壓力造成的償債壓力也隨之加大。如果此種狀況不能及時有效地改變，隨著企業負債規模的加大，企業的信用等級在降低，企業下一步籌資難度會加劇，現金流循環面臨危機，財務風險加大。

同時，如果負債成本大於企業資產利潤率水準，企業財務槓杆就會產生負面作用，急劇降低投資者的獲利水準，動搖投資信心，投資者會本能地抽逃資金，躲避風險。那麼這一切將使企業的財務

危機雪上加霜，企業面臨崩潰。

(3)加大了投資者的投資風險

長期以來，利潤成為投資者、經營者等各方注意的焦點，利潤指標成為人們價值判斷的重要依據。由於會計核算制度及方法的影響，企業利潤被虛增、粉飾，利潤並不能客觀真實地反映企業財務狀況。同時，由於價值增量標準不同，利潤受歷史成本原則計量的影響，與現金流量按現時價值計量相比較，造成利潤與現金流量指標反映企業價值差異太大，賬面價值與市場價值偏高，影響了投資者正確的價值判斷。如美國微軟公司，從資產負債表看，是個微不足道的小公司，但從股票市價看，卻早已成為企業巨人。

又如一些企業賬面價值很高，但股票市場價值卻非常低，如果投資者過分關注企業利潤而忽視對企業現金流量的分析，在企業價值扭曲變異的現實背景下，投資判斷容易失誤，導致投資風險加劇。

第五節　現金流如何在企業中循環

企業是一個複雜的大系統，其中最大的特點是經營業務流與現金流的相互融合。每一次生產循環開始時，總是伴隨著現金流的循環，由現金變為非現金資產，非現金資產又變為現金，形成一個完整的現金流動鏈條。這種流動伴隨企業的生產經營不間斷地進行，形成現金流循環，也稱為資金循環。

一個企業可以出現虧損，但絕不能斷了現金流。有虧損，虧損總是有希望扳回來的，但斷了現金流，即使有很多的資產，也可能即刻崩盤。

　　就像一個人，如果你在水裏游泳，一口氣過不來，可能就憋死你了，抬上來體檢，可能各個器官都是最健康的，就是差一口氣，好好的人就沒了。所以，高明的商家，深知「現金為王」的道理。

　　企業現金每一次循環，都會給企業帶來利潤和整體現金流量的增加。同時，企業的各項成本、費用也會隨著現金流的循環而流出企業。現金流就像人體的血液一樣，維繫著企業的生存和發展。圖1-3 是以工業企業為例的現金流循環圖。

圖 1-3　現金流循環圖

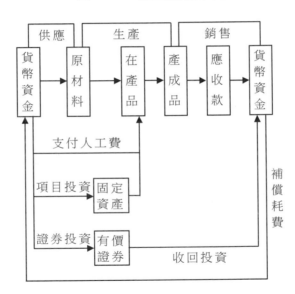

現金流的循環有多條途徑，呈現五種不同的模式。

第一種模式：

圖 1-4　現金流循環模式一

這種現金流循環是伴隨企業生產經營活動展開的，它的每一次循環流動將給企業帶來利潤與價值增值。

第二種模式：

圖 1-5　現金流循環模式二

第二種循環模式與第一種循環模式既有聯繫也有區別，其共同點是都源自於企業生產經營活動，區別在於銷售方式不同造成第二種現金流循環多出一個環節，把現金流循環週期拉長了。並且，賒銷存在信用風險，所以應收賬款可能不會完全得到回收，發生壞賬，從而可能導致一部份現金會漏損出現金流循環的系統。

第三種模式：

圖 1-6　現金流循環模式三

在第三種現金流循環模式中，現金變為固定資產，然後透過折舊，轉移到產品中去，最後又回到現金，所需時間一般在一年以上。屬於長期的現金流循環。

第四種模式：

圖 1-7　現金流循環模式四

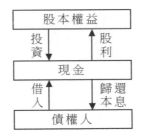

這種現金流循環模式是在企業投資活動和籌資活動中發生的現金流動。這其中投資現金流循環可能實現企業價值增值，也可能造成現金流量漏損，而籌資活動中發生現金流循環是對企業經營現金循環和投資現金循環的基礎保障。

第五種模式：

圖 1-8　現金流循環模式五

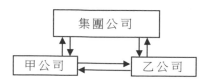

在這種現金流循環模式中，現金在企業內部發生流動。如財務部支付給員工的薪資薪酬，大型企業內部不同部門間現金的結轉。假設甲和乙同屬於某企業集團，均是其所屬的子公司，甲向乙購買了價值 5000 元的零件，乙公司收取了 5000 元現金。或者，各分公司同上級企業之間的現金往來。

此外，企業現金流還存在著單向流動，只有現金的流出量，而沒有現金的流入量。例如，支付的租金、利息、電話費、廣告費、稅金等。或者只有現金的流入量，而沒有現金的流出量，如收到的捐贈款、獎金等。在這些項目中也存在著現金流循環，因為在支出費用和獲得收入之間有一定的時間間隔。

第六節　現金流量的計算

現金流量包括現金流出量、現金流入量和現金淨流量三個具體概念，下面我們詳細介紹現金流量的三部份內容：

1. 現金流出量

現金流出量是指投資項目實施後在項目計算期內所引起的企業現金流出的增加額，簡稱現金流出。包括建設投資、墊支的流動

資金、付現成本、所得稅、其他現金流出量。

建設投資(含更改投資)是建設期發生的主要現金流出量。包括固定資產和無形資產投資。固定資產投資包括固定資產的購置成本或建造成本、運輸成本和安裝成本等。

墊支的流動資金是指投資項目建成投產後為開展正常經營活動而投放在流動資產項目的投資增加額。建設投資與墊支的流動資金合稱為項目的原始總投資。

付現成本又稱作經營成本，是指在經營期內為滿足正常生產經營而需用現金支付的成本。它是經營期內最主要的現金流出量項目。付現成本可以用下面的公式表示：

付現成本＝變動成本＋付現的固定成本

＝總成本－折舊額(及攤銷額)

所得稅額是指投資項目建成投產後，因應納稅所得額增加而增加的所得稅。

除此之外，還有其他現金流出量，主要是指不包括在以上內容中的現金流出項目。

因此，企業實施某項投資後投放在固定資產上的資金，項目建成投產後為正常經營活動而投放在流動資產上的資金，還有為使機器設備正常運轉而投入的維修費用等，都能引起企業現金支出的增加額。可見，一個方案的現金流出量，是指該方案引起的企業現金支出的增加額。

某企業購置了一條生產線，通常會引起的現金流出有購置生產線的價款、生產線的維護和修理等費用和墊支流動資金。

購置生產線的價款可能是一次性支出，也可能分幾次支出。

生產線的維護修理等費用是在該生產線的整個使用期限內，會

發生保持生產能力的各種費用，它們都是由於購置生產線引起的，應列入該方案的現金流出量。

墊支流動資金是由於該生產線擴大了企業生產能力，引起對流動資產需求的增加。企業需要追加的流動資金，也是購置該生產線引起的，應引入該方案的現金流出量。只有在營業終了或出售（報廢）該生產線時才能收回這些資金，並用於別的目的。

2.現金流入量

現金流入量是指投資項目實施後在項目計算期內所引起的企業現金收入的增加額，簡稱現金流入。包括營業收入、固定資產的餘值、回收流動資金、其他現金流入量。

營業收入是指投資項目投產後每年實現的全部營業收入。為簡化核算，假定正常經營年度內，每年發生的賒銷額與回收的應收賬款大致相等。營業收入是經營期內主要的現金流入量項目。

固定資產的餘值是指投資項目的固定資產在終結報廢清理時的殘值收入，或中途轉讓時的變價收入。

回收流動資金是指投資項目在項目終止時，收回原來投放在各種流動資產上的流動資金的投資額。固定資產的餘值和回收流動資金統稱為回收額。

其他現金流入量主要是指以上三項指標以外的現金流入量項目。

因此，企業投資項目後，所得到的經營利潤、固定資產報廢時的殘值收入、項目結束時收回的原投入在該項目流動資產上的流動資金，以及固定資產的折舊費等，都能所引起企業現金收入的增加。由於計提的折舊費並沒發生實際的現金流出，所以視其為一項現金流入。與折舊相同，在投資時投入的無形資產和因投資而形成

的長期待攤費用，其攤銷金額也相對形成企業的現金流入。可見，一個方案的現金流入量，是指該方案所引起的企業現金收入的增加額。

某企業要購置一條生產線，通常會引起下列現金流入：

企業購置生產線擴大了企業的生產能力，使企業銷售收入增加。

企業資產出售或報廢時的殘值收入，是由於當初購置該生產線引起的，應當作為投資方案的一項現金流入。

該生產線出售(或報廢)時，企業可以相應減少流動資金，收回的資金可以用於別處，因此，應將其作為該方案的一項現金流入。

3.現金淨流量

現金淨流量也叫淨現金流量，是指投資項目在一定期間現金流入量和現金流出量的差額。現金淨流量是計算長期投資決策評價指標的重要依據。

現金淨流量的理論公式為：

某年現金淨流量＝該年現金流入量－該年現金流出量

特別強調的是，現金淨流量是一定期間現金流入量與現金流出量的差額。這裏所說的「一定期間」，有時是指一年，有時是指投資項目持續的整個年限內。也就是說，現金淨流量既可以按一年計算，也可以按整個項目持續的年限計算。流入量大於流出量時，淨流量為正值，反之，淨流量為負值。在進行項目投資決策時，應考慮不同時期的現金淨流量，也就是要計算年現金淨流量，其計算公式為：

年現金淨流量＝年現金流入量－年現金流出量

所以，從時間上看，一個企業，從準備投資項目到項目結束，

先後共經歷了項目準備及建設期、生產經營期和項目終結期三個階段。因此，從這一角度來看，現金流量可由初始現金流量、營業現金流量和終結現金流量三部份構成。

(1)初始現金流量

　　企業在投資時發生的現金流量叫做初始現金流量，它通常包括兩個主要部份，即投資在固定資產上的資金和投資在流動資產上的資金。其中投資在流動資產上的資金一般在項目結束時將全部收回。這部份初始現金流量不受所得稅的影響。初始現金流量通常為現金流出量，用下面的公式表示初始現金流量：

　　初始現金流量＝投資在流動資產上的資金＋投資在固定資產上的資金

　　或者：

　　　　初始現金淨流量＝固定資產投資＋墊支的流動資金

　　在這裏，需要給大家特別指出的是，如果投資在固定資產上的資金是以企業原有的舊設備進行投資的，在計算現金流量時，應以設備的變現價值作為其現金流出量，並且要考慮由此而可能支付或減免的所得稅。這可以用以下公式表示：

　　初始現金流量＝投資在流動資產上的資金＋設備的變現價值

　　　　　　　　－（設備的變現價值－折餘價值）×所得稅稅率

(2)營業現金流量

　　在項目投入使用後，在其使用壽命週期內由於生產經營所帶來的現金流入和現金流出的數量就是營業現金流量。其中，現金流入是指營業現金收入，現金流出是指營業現金支出和所繳稅的稅金。

　　如果我們從每年現金流動的結果來看，那麼，增加的現金流入來自兩部份：一部份是利潤造成的貨幣增值；另一部份是以貨幣形式收回的折舊。其公式表示如下：

營業現金流入＝銷售收入－付現成本

　　　　　　＝銷售收入－（銷貨成本－折舊）

　　　　　　＝利潤＋折舊

　　或者這樣說，如果年營業收入均為現金收入，扣除折舊後的營業成本均為現金支出（這部份成本稱為付現成本，即在投資決策中需要將來支付現金的成本），那麼，每年的營業現金淨流量就可以這樣表示：

年營業現金淨流量＝現金流入－現金流出

　　　　　　　　＝年營業現金收入－付現成本－相關稅金

　　　　　　　　＝（年營業現金收入－付現成本－折舊）×（1－稅率）＋折舊

　　　　　　　　＝淨利＋折舊

　　從年營業現金淨流量這個公式中可以看出，還有一個因素影響現金流量，那就是所得稅，而所得稅的大小取決於利潤的大小和稅率的高低，利潤的多少又受折舊方法的影響，因此，折舊是影響現金流量的又一個因素。通過觀察本公式的第三個等式，我們還可以發現，折舊具有抵稅的作用。

　　「折舊×稅率」稱為折舊抵稅額。從本公式中還可以得出以下結論：

　　其一，如果不是由於稅收關係，折舊與現金淨流量是無關的，也就是說，當稅率為零時，折舊可不計入現金流量；

　　其二，現金淨流量是隨著折舊的增加而增大的。

　　需要大家注意的是，在這裏，無形資產和長期待攤費用的攤銷及減值準備的計提與折舊在性質上有類似之處，因此，處理方法與折舊相同。

(3)終結現金流量

在投資項目終結時，所發生的現金流量叫終結現金流量。它主要包括固定資產殘值淨收入和回收原投入的流動資金。在計算終結現金流量時可有兩種處理辦法：一是將其單列為終結點現金淨流量；二是將其視為最後一年的營業現金淨流量。

計算終結現金淨流量時可以採用以下公式：

終結現金淨流量＝回收流動資金＋殘值或變價收入

為了能對投資項目進行正確評價，必須正確計算現金流量。下面舉例說明現金流量的計算方法。

某公司準備購入一項設備以擴充生產能力。現在有兩個方案可以進行選擇。A 方案投資總額 1000 萬元，有效期限為 5 年，採用直線法計提折舊，5 年後無殘值。每年銷售收入 1000 萬元，付現成本 600 萬元。B 方案投資總額 1200 萬元，有效期限為 5 年，採用直線法計提折舊，5 年後殘值收入為 200 萬元。投產開始時墊付流動資金 200 萬元，結束時收回。每年銷售收入 1200 萬元，第一年付現成本 700 萬元，以後每年增加 30 萬元。假設所得稅稅率為 40%，計算兩個方案的現金流量。

接下來，讓我們一起來計算兩個方案的每年折舊額：

A 方案的每年折舊額＝1000＋5＝200（萬元）

B 方案的每年折舊額＝（1200－200）＋5＝200（萬元）

以下我們用表 1-1 和表 1-2 計算 A、B 方案的營業現金流量和全部現金流量。

表 1-1 投資項目的營業現金流量的計算表

單位：萬元

方案＼年度	第一年	第二年	第三年	第四年	第五年
A方案					
銷售收入①	1000	1000	1000	1000	1000
付現成本②	600	600	600	600	600
折舊③	200	200	200	200	200
稅前利潤④＝①－②－③	200	200	200	200	200
所得稅⑤＝④×40%	80	80	80	80	80
稅後淨利⑥＝④－⑤	120	120	120	120	120
現金流量⑦＝③＋⑥	320	320	320	320	320
B方案					
銷售收入①	1200	1200	1200	1200	1200
付現成本②	700	730	760	790	820
折舊③	200	200	200	200	200
稅前利潤④＝①－②－③	300	270	240	210	180
所得稅⑤＝④×40%	120	108	96	84	72
稅後淨利⑥＝④－⑤	180	162	144	126	108
現金流量⑦＝③＋⑥	380	362	344	326	308

表 1-2　投資項目現金流量計算表

單位：萬元

方案＼年度	第零年	第一年	第二年	第三年	第四年	第五年
A方案						
固定資產投資	-1000					
營業現金流量		320	320	320	320	320
現金流量合計	-1000	320	320	320	320	320
B方案						
固定資產投資	1200					
流動資產投資	-200					
營業現金流量		380	362	344	326	308
固定資產殘值						200
流動資金回收						200
現金流量合計	-1400	380	362	344	326	708

心得欄 --------------------------------

第七節 （案例）喬家大院的現金流啟示

在商場上什麼是死棋？沒有現金流就死定了。

喬致廣做的「高粱霸盤」為什麼使喬家面臨崩潰的邊緣？而喬致庸為什麼繼續做「高粱霸盤」卻能起死回生？外行看熱鬧，內行看門道。前者是因為把銀子都變成了高粱，而後者最後卻把高粱變成了銀子。這就是商家說的「現金為王」。

在市場條件下，資產的變現能力是資產品質的重要標誌。現金是企業生存的「氣」，這個氣可以理解為圍棋中的「氣眼」，也可以理解為人的呼吸之「氣」。

企業在運行中，資產是在流動中增值的，要不斷地透過現金來換氣，就像人要吸氣、呼氣一樣，只吸氣不呼氣，或只呼氣不吸氣，都是要死人的。通常說的，上氣不接下氣，就是一種很危險的情況。

喬致廣做的「高粱霸盤」，其實是把喬家的所有銀子都賭上了，為爭一時之氣，把自己的現金流給掐斷了。所有的 17 處生意，以致生活開銷都難以維繫，最後靠典當家裏的珍藏度日，就連喬致庸去參加鄉試的盤纏，也是用大奶奶陪嫁的玉石屏風典當來的錢。喬家的這場危機，其實就是現金流的危機。到了這個時候，一個企業就危險了。

因為，企業在運行中總是有各種賒欠，在大家都知道你快玩完的時候，該收的肯定收不回；所欠的又不斷追上門來。企業到了這個境地，所有的資產，包括有形的、無形的，都有可

能被嚴重低估，這個時候要套現，其代價總是很高的。

　　為什麼呢？經濟學對此已經有理論做出解釋：當需求大子供給的時候，價格上漲；當供給大於需求的時候，價格下跌。也就是說「需求決定商品的價格」，當你越是需要現金的時候，手中現金的人就會把現金的價格提高。因為賣家知道此時此刻現金對你的意義(價值)比平時更大，所以斷定你會願意(或者只能)以比平時更高的價格獲得它。例如，喬家的老宅子，至少值 12 萬兩銀子，但在最困難的時候，邱家勾結四叔(喬慶達)打算用 8 萬兩銀子頂下這個宅子，而作為喬致庸老丈人的陸老東家也對女兒說，那個老宅子能頂 9 萬兩銀子就不錯了。這既說明，同樣的東西在不同的人手裏，在不同的條件下，往往體現為不同的價值；也說明作為通貨，手中有現金在關鍵的時候是多麼重要，「一分錢難倒英雄漢」，說的就是這個意思。

🔊))) 第八節　（案例）木材公司如何解決資金來源

　　傑克森木材公司由傑克森先生及其姐夫霍茲先生於1981年成立。1994 年，傑克森先生花 20 萬美元買下霍茲先生的股份。為了讓傑克森先生有時間籌資，霍茲先生先收取了一份 20 萬美元的票據，它將於 1995 年和 1996 年分期支付。票據的利息率是 11%，從 1995 年 6 月 30 日開始每半年支付利息 5 萬美元。

　　傑克森木材公司位於西北太平洋地區的一座大城市的郊區，擁有一片鄰近鐵路的土地，其上有 4 棟存放貨物的建築。公司的經營活動僅限於在當地用火車運送木材製品，其主要產

品包括夾板模具、百葉窗和門。顧客通常可以得到數量折扣和往來帳戶上 30 天的信用期。

銷售量主要建立在成功的價格競爭基礎上，而價格則通過嚴格地控制經營費用和以極大的折扣大批量購進原材料兩方面來降低。銷售產品中的大部份是用於修理工作的，大約 55%的銷售發生在 4 月～9 月。

傑克森良好的判斷力、努力地工作和良好的品行，使他的公司獲得良好聲譽。其公司銷售額很高，而且穩健經營，這一點吸引了銀行。銀行的信貸解決了傑克森木材公司暫時的資金困難。

繼近幾年業務快速發展之後，1996 年春，傑克森木材公司希望其銷售額有一個更大的突破，儘管利潤不錯，該公司仍然經歷了現金短缺的困難，並且發現公司有必要在 1996 年春將鄉村國民銀行的貸款增加到 39.9 萬美元，而鄉村國民銀行的最高貸款額是 40 萬美元。因此傑克森公司要取得這樣一筆貸款就必須嚴重地依賴其商業信用。此外，該銀行還要求傑克森先生以個人的信譽來做擔保。作為傑克森木材公司的唯一所有者和總經理，凱什‧傑克森先生希望能另外找到一個貸款供應者，從而得到一筆更大的貸款卻無需以個人信譽來擔保。

最近，傑克森先生認識了一個更大的銀行——西北國民銀行裏的一名官員，傑克遜先生。他們倆嘗試著討論了一下西北國民銀行貸給傑克森公司一筆高達 75 萬美元的借款的可能性。傑克森先生認為，這樣一筆貸款將使他能充分利用商業折扣的好處，從而提高公司獲利能力。討論之後，傑克遜先生安排銀行信用部門對傑克森先生及其公司做了一番調查。

作為對潛在借款人例行調查的一部份，西北國民銀行也向與傑克森先生有業務往來的一些企業發放了調查表。

銀行特別注意到企業的負債狀況和流動比率。據報告，公司產品的未來市場和銷售預期都很樂觀，銀行的調查報告說：「銷售額有望於 1996 年達到 550 萬美元；如果近期木材價格上漲，銷售額更會超過這一水準。」另一方面，大家也認識到一場普遍的經濟衰退也可能減小銷售額的增長率。但是，由於公司的大部份業務是修理所用材料，故銷售額也可能因新建房屋的下降而得到某種程度的保障。1996 年後的計劃很難決定，但在可預見的將來，公司業務量的持續增長還是很有希望的。

銀行同時提到傑克森公司應付賬款和票據在近幾年，尤其是 1995 年和 1996 年春的快速增長。通常商業購買的信用情況為 10 天內付款折扣率為 2%，30 天付款折扣率為 0，但供應商一般也不會反對付款稍稍遲一點。近 2 年內，傑克森先生由於要支付給霍茲先生的費用和增加營運資金，很少能取得購貨的現金折扣。而 1996 年春當傑克森先生盡力要將鄉村國民銀行的貸款控制在 40 萬美元時，公司的商業信用已嚴重超支了。

傑克遜先生與傑克森先生試著討論的是一筆不超過 75 萬美元、循環式、有擔保的 90 天借款，其特定細節還未確定，但傑克遜先生指出：合約中將包括針對這項貸款的一些標準保護條款。例如對公司其他借款的限制，公司營運資金淨額必須保持在銀行允許的水準，對固定資產追加投資必須先得到銀行的同意，傑克森先生從企業撤資的行為也要受銀行限制，等等。貸款利率是在基準利率的基礎上加 2.5% 的浮動利率。傑克遜先生說公司最終支付的利率約為 11%。另外，兩人都很清楚：一

旦傑克森先生與西北國民銀行簽訂了借款合約，他與鄉村國民
銀行的關係就將會破裂。

心得欄 _____
_____
_____
_____
_____
_____

第 *2* 章

企業的現金流戰略

　　美國管理大師杜拉克認為美國企業如今面臨考驗,從中得到的教訓是:企業必須重視現金流量,這個百年來的真理。

　　杜拉克接受日本經濟新聞專訪時指出,重視現金流量並不是新的經營趨勢,他在歐洲投資銀行工作時,首先就學習到現金流量的重要性。

　　企業的經營管理是一個複雜的過程,有許多瑣細的環節,其中牽一髮而動全身的就是財務管理。企業生財有道,還需理財有方。

　　現金流是一種卓越的財務理念,隨處可以聽到「現金至尊」(Cash is King)的說法,對現金流推崇有加。一句看似平淡無奇的話:現金流比利潤更重要。

　　國際領域開展現金流管理研究的熱潮起源於美國 1975 年發生的格蘭特(W‧T‧Grant)公司的破產事件。美國格蘭特公司是當時美國最大的商品零售公司,其破產的主要原因是過於重視會計利潤與營運業績而忽視了現金流的均衡性。1966 至 1973 年間,格蘭特

公司的年度報告顯示其銷售額在持續增加，1973 年其年度銷售額更是達到了 16 億美元之巨，其報告的同期利潤也與其銷售額保持同步增長。那時，投資者僅僅將注意力集中於企業的銷售額和利潤的增長上，而絲毫未注意到公司現金流量的下降。格蘭特公司倒閉前的盈利率為 20%，然而累積的現金流弊端並未得到管理層的重視，加之存貨週轉緩慢、庫存長期積壓、應收賬款政策鬆弛、壞賬比例較高、銷售膨脹快速增長等因素佔用了大量的流動資金，使企業生成大量負債，資金成本升高，財務風險加大，並最終導致了格蘭特公司的破產。

美國格蘭特公司的破產，使許多企業認識到現金流的重要性，從而逐步樹立了現金流是企業的血液的理念，也吸引著許多金融、財務方面的學者投入到現金流管理的研究之中。

第一節　現金流戰略

一個企業要想在當今空前激烈的市場競爭中生存發展、做強做大，必須有一個科學的發展戰略。如果企業戰略本身是錯誤的，即使其日常管理做得很好，那也不過是在通向死亡的路上越走越快而已。

企業戰略是一個大系統，其組成有生產戰略、財務戰略、行銷戰略、人力資源戰略等重要的各部份子戰略。

1. 財務戰略的核心──現金流戰略

財務戰略是指在企業戰略統籌下，以價值分析為基礎，以促使企業資金長期、均衡、有效地流轉和配置為適量標準，以維持企業

長期盈利能力為目的的戰略性思維方式和決策活動。財務戰略從屬於企業戰略，但同時財務戰略又制約和支持企業戰略的實現。

　　財務戰略從內容上包括資本市場選擇戰略、融資戰略、信用政策、投資戰略、成本戰略、股利政策、資本重組等子戰略，在這些子戰略中，都涉及現金的流轉與安排，都是以現金流的正常有效的平衡運轉為保障前提的。任何財務子戰略的保證與實施，其前提都是對現金的合理安排。因此，現金流戰略重要性非同一般，它的正確與否，直接影響到財務戰略的有效實施，進而影響企業的生存和發展。美國著名戰略管理專家 W. H. 紐曼曾指出：「在制定關於資本運用和來源的戰略時，最需要關注的是現金流量。」所以，現金流戰略是財務戰略的核心內容。

圖 2-1　企業戰略結構圖

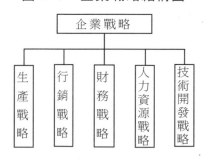

圖 2-2　企業財務戰略結構圖

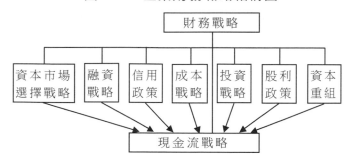

2.如何實施現金流戰略

戰略管理主要是指戰略制定和戰略實施的過程。一般說來,戰略管理包含 4 個關鍵要素:

· 戰略分析——瞭解組織所處的環境和相對競爭地位
· 戰略選擇——戰略制定、評價和選擇
· 戰略實施——採取措施發揮戰略作用
· 戰略評價和調整——檢驗戰略的有效性

現金流戰略管理模式可以採用前饋控制模式。這種模式的優點是可以避免在控制過程中存在的管理實效的時間滯後。如圖 2-3,可知現金流戰略是一種循環複始、不斷發展的全過程總體性管理。

圖 2-3 現金流戰略的循環過程

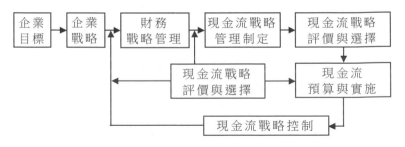

從圖 2-3 可以看出,企業現金流戰略的循環過程主要體現在以下幾個方面:

⑴先研究確定企業的財務戰略。根據財務戰略的目標及要求,分析企業經營的理財環境,評估企業的財務經營狀況,進一步明確企業經營理財的優勢和劣勢。

⑵在此基礎上,企業要制定用以保障財務戰略實現的現金流戰略管理計劃。根據戰略計劃的要求,財務管理人員應配置相應的現金資源,調整企業組織結構和分配管理工作,透過現金流量預算和

過程計劃等形式實施既定的戰略。

　　⑶在執行戰略的過程中，企業財務管理人員要對戰略實施有效的控制。控制的有效措施包括：對戰略實施的效果進行評價，並將實施過程中各種信息及時回饋到現金流戰略管理體系中來，確保及時修正原有戰略，保證既定戰略的有效性。

🔊 第二節　三種現金流戰略模式

　　美國管理理論家 Raymond.E.Milesh 和 Charlies.C.Snow 在《組織的戰略、結構和程序》一書中提出了適應性戰略模式，認為戰略管理的根本任務就是使本身的因素與環境因素能有效地結合起來，並根據組織的不同，對其行政和技術方面的問題採取不同的戰略和方法。由於現金流戰略管理從屬於企業戰略管理，是其系統中的一個小分支，所以現金流戰略管理的實施必須服從、配合企業整體戰略管理模式。因此，現金流戰略管理可以依據企業適應性戰略模式的特點，劃分為激進型、防守型和調整撤退型三種戰略管理模式。

1. 激進型現金流戰略管理模式

　　採取此戰略的企業總是力爭在動盪不定的變化環境中尋找迅速發展的機會。其特點在於不斷開發新技術、新產品，開拓新市場，尋求具有更高盈利潛力的發展機會。大多數企業在發展進程中選擇了對外兼併的做法，正如美國著名的經濟學家、諾貝爾經濟學獎得主喬治・斯蒂伯格所說：「一個企業透過兼併其競爭對手的途徑成為巨人企業，是現代經濟史上的一個突出現象。」然而這類企業面

臨的主要問題是現金大量流出給企業帶來的巨大壓力，企業投資發展的現金需求量很大，而自身透過經營活動創造的現金流入量相對於兼併等投資活動的現金需求來講是遠遠不夠的。為了有效解決企業投資擴張過程資金不足的問題，企業往往選擇激進型現金流戰略管理模式。

激進型現金流戰略管理模式的主要特點是：企業大量採用借人債務資金的方式解決現金不足的問題，充分甚至過度使用財務杠杆。或者採用大量發放新股募股的方式籌集資金，也可能會採用與對方換股的方式解決現金短缺的問題。

激進型現金流戰略管理模式的優點是：

⑴可以很快地籌集大量的資金，對緩解企業資金供需矛盾可產生立竿見影的效果；

⑵可以充分發揮財務杠杆的作用。

這種模式的缺點是：

⑴債務負擔較重，造成企業償債能力不足，容易引發債務風險；

⑵如果投資項目失敗或沒有按計劃時間產生收益，企業不得不挪用主營業務的生產資金償還債務和繼續投入，這將直接危及企業的正常經營活動的現金流量。

2.防守型現金流戰略管理模式

採用此戰略的企業一般處在穩定或即將衰退的市場中，例如像麥當勞連鎖餐館、地方小醫院等，它們所處的環境比較簡單而穩定，希望能在穩定的環境中保有一定的市場。這類企業在管理中側重於效率的提高，強調企業的穩固發展和平穩運營。此類企業現金流量呈穩定狀態，沒有大起大落的現象，但企業也會始終感覺到資金不足的壓力，雖然這種資金壓力不是很大，但有越來越強的趨勢。

防守型現金流戰略管理模式的主要特點是：

⑴企業對現金流入的增長並無很高的要求，而是重點強調對現金流出的控制，削減不必要的開支。

⑵往往透過如出售資產或剝離副業等方式提高現金的流動性，改善現金流量狀況。

⑶現金資源主要應用在增強原有產品的競爭力上，而對新項目、新技術以及新市場的現金投入則非常有限。

防守型現金流戰略管理模式有其優點，也有缺陷：

⑴這種模式的優點是：現金流量比較穩定，企業償債能力較強，近期不會產生大的現金風險。

⑵這種模式的缺點是：企業發展後勁不足，現金風險主要體現在一段時期以後。由於激烈的市場競爭，企業利潤及現金流量淨額將逐年下降，隨著現金流量淨額越來越小，企業發生現金風險的可能會也將越來越大。

3.調整撤退型現金流戰略管理模式

該戰略管理模式主要應用於企業經營環境困難、需要對現有的經營業務做出一些調整的情況，如淘汰一些產品品種、放棄一部份市場等。財務狀況不佳、現金流量循環不暢、現金支付壓力很大是這類企業問題的集中表現。

調整撤退型現金流戰略管理模式的主要特點是：

⑴企業往往採取資產剝離、出售子公司、同行轉讓、股本抽回、管理層收購等措施，實現企業現金資源的重整，有些舊的現金流出項目將被取消，而新的、一次性的現金流入項目將會產生。

⑵在現金流控制方面，企業一般都會儘量削減大額的現金投資支出，控制費用性的現金流出，嚴格現金預算管理，並透過變賣部

份資產、催收應收賬款、加強存貨控制等措施，提高現金的流動性。

調整撤退型現金流戰略管理模式有其優點，也有缺陷：

⑴這種模式的優點是：企業有可能透過實施這一戰略，達到調整現金資源的目的，即擺脫原有資金不暢的狀況，重新回到現金良性循環的軌道上來。

⑵這種模式的缺點是：在改善現金狀況上，只是被動地採用措施，缺乏進取心。對於解決資金短缺的問題，雖然可以暫時起到一定的效果，但無法長久或從根本上解決企業現金流中存在的問題。

🔊))) 第三節　不同行業的現金流戰略

通常，每個行業都要經歷一個由成長到衰退的發展演變過程，這個過程便稱為行業的生命週期。一般地，行業的生命週期可分為幼稚期、成長期、成熟期和衰退期。

舉例說明，一些典型的行業所處的生命週期階段如下：

1. 遺傳工程、太陽能等行業正處於行業生命週期的幼稚期

處在上述行業中的企業往往是一個現金淨使用者。企業購買設備、廠房以及原材料、勞力時，都是現金的淨流出。而從原材料的投入到產成品的完成，乃至產品銷售出去、收回現金這一過程，因受到企業經營經驗不足、尚無健全的產—供—銷體系等因素的制約，比成熟企業所用時間長，現金需求與供給的缺口也相對較大。所以企業在初始籌建時，應籌措充足的現金，其數額不僅可保證企業的竣工投產，還應可維持企業無現金淨流入而持續經營的一段時

間。

圖 2-4　行業生命週期圖

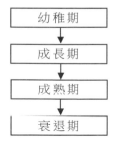

幼稚期

成長期

成熟期

衰退期

2.電子信息(電子電腦及軟體、通訊)、生物醫藥等行業處於行業生命週期的成長期

　　生物醫藥行業處於成長階段的初期,無線通訊行業處於成長階段的中期,大規模電腦行業處於成長階段的後期。由此便可初步判斷:生物醫藥行業將會以很快的速度增長,但企業所面臨的競爭風險也將不斷增長;而大規模電腦行業在增長速度上要低於生物醫藥行業及無線通訊行業,競爭風險則相對較小。

　　成長期企業的現金流管理面臨著銷售增長時現金需求的壓力,其情況與小型企業相仿。成長期企業的現金流管理更需要注重企業的成長速度,尤其是銷售增長速度要和企業的現金流增長速度、資本增長速度相匹配。

3.石油冶煉、超級市場和電力等行業已進入成熟期

　　這些行業將會繼續增長,但速度要比前面各階段的行業慢。成熟期的行業通常是盈利的,而且盈利水準比較穩定,投資的風險相對較小。這類企業的管理者應在管理好日常穩定的現金流的同時,尋求新的發展機會,以便更有效地積累大量現金。

4. 煤炭開採、自行車、鐘錶等行業已進入衰退期

對這些行業的投資應當謹慎，如果是長期投資，可能存在較大的不安全性。當然，隨著技術進步、經濟全球化等因素的變化，某些處於衰退期的行業還會重新煥發成長的生機。

需要說明的是，上述關於行業生命週期四個分階段的分析只是對行業發展共性的一種描述，它並不適用於所有行業的情況。而且，同一行業在不同發展水準的國家或者在同一國家的不同發展時期，可能處於生命週期的不同階段。

第四節　不同生命週期的現金流戰略

企業的生命週期是指企業誕生、成長、壯大、衰退直至死亡的過程。因此，一家企業的一生基本上可以分成五個階段：種子期、初創期、成長期、成熟期、衰退期。

1. 種子期企業的現金流戰略

種子期，也是企業的第一個階段，即創立階段。在這個階段的早期，創業者已根據市場調研與分析，擬定好創業計劃。

種子期企業現金流特點：

⑴資金需求量比較小，投資的風險相對較大。

⑵新產品未成型，難以吸引外部投資者。

⑶資金需求不大，一般創業者個人投資就可以滿足，在階段後期需要對新產品進行研究和開發，資金需求量比較大，風險也很高。

⑷幾乎沒有盈利記錄，難以取得銀行貸款。

⑸受經濟規模、成立時間等條件限制，還達不到債券或股票市

場發行上市要求。

　　基於其現金流特點，企業應選擇合適的現金流戰略，如選擇風險投資資本，進入風險資本市場。

2. 初創期企業的現金流戰略

　　初創期，也是市場導入階段。在這個階段，新產品進入市場並被不斷推廣，發展潛力已經初步顯現，企業開始嘗試提供產品服務，努力把自己的創意或服務內容推銷給客戶，以逐漸累積注意力資源，擴大客戶市場。此時，企業也開始獲得銷售收入，風險減小，但仍然需要大量資金來擴大生產和組織銷售。

　　初創期企業現金流特點：

　　⑴存在大量資本支出與現金流出，而為了開拓市場，又不得不放寬信用政策，使得企業應收賬款上佔用的現金較多，從而使得企業淨現金流量為絕對負數。

　　⑵在運籌現金流量、促進企業利潤向現金的轉化方面存在較大壓力。企業財務戰略主要表現出穩健的特徵，因此，企業往往採用權益籌資戰略。

　　⑶這一階段的企業資金需要量大，資金的報酬率低，但風險仍然居高不下。由於風險大，上市和銀行貸款還是非常困難。基於其現金流特點，企業應選擇合適的現金流戰略，如這一階段的企業應主要依靠風險資本來滿足其對資金的需求。

3. 成長期企業的現金流戰略

　　成長期，也是增長階段。在這個階段，新產品被市場接受，市場佔有率不斷擴大，穩定的客戶增加，企業開始盈利，風險減小，但是需要巨額資金來滿足市場增長的需要。

　　成長期企業現金流特點：

⑴快速發展的企業面臨巨大的現金需求。由於新增項目的增加，投資於營運資本的現金需求猛增，然而，由於企業此時仍處於產品的市場開拓期，大量行銷並沒有帶來大量的回款，應收賬款佔用的現金被他人利用，從而形成巨大的現金缺口。

⑵技術開發和巨額的資本投入形成大量的固定資產，並計提大量的折舊，因此會計賬面的收益能力並不是很高，企業難以利用負債籌資來起到節稅作用。

⑶投資慾望高漲可能導致企業超速擴張，直接導致現金被套牢，造成現金短缺。

基於其現金流特點，企業應選擇合適的現金流戰略，如在增長階段，企業有機會進入股票市場和債券市場獲取大量資金，也有很多的商業銀行願意向企業提供貸款，以滿足巨額的資金需求。相對而言，這一階段的企業對資本市場的吸引力大，企業融資的管道也比較多，但仍然需要認真地進行資本市場的選擇，以做出科學有效的籌資決策，從本質上要求企業採用防守型現金流量戰略管理模式。

4.成熟期企業的現金流戰略

成熟期，也是成熟階段。這一階段的市場已很成熟，企業大量地盈利，資金需求相對穩定。成熟階段的高科技企業與其他行業的成熟企業相類似，仍可從傳統的融資管道上獲得資金。這時，證券市場和銀行貸款是企業主要的融資管道，風險資本基本上已套現退出。企業成熟期的基本標誌是企業的市場佔有率較大，在市場中的地位相對穩定，因此經營風險相對較低。

成熟期企業現金流特點：

⑴成熟期的市場狀況意味著市場增長潛力不大，產品的均衡價

格已經形成，企業間的競爭也不再是價格戰。在價格穩定的前提下，實現盈利的唯一途徑是降低成本，因此，成本管理成為成熟期企業財務管理的核心。

⑵與前兩個階段相比，此時的新增固定資產投資並不多，也就是隨著大量現金的收回，企業沒有太多的現金流出的需要。固定資產所需的資本支出主要是更新所需，而且基本可以透過折舊的方式來滿足，因此，企業有較多的現金流入量，現金淨流量表現為正值。

⑶企業此時有足夠的實力對外借款，而且能充分利用負債的杠杆達到節稅和提高自有資本報酬率的目的。

基於其現金流特點，此階段企業可以採用激進型的現金流戰略管理模式。

5.衰退期企業的現金流戰略

衰退期，是企業的最後一個時期。企業進入衰退期不是指企業行將破產或清算，而是指企業經營需要透過產品開發與新產業進入而步入再生期。由於市場環境的變化及競爭加劇，企業如不及時調整戰略，老產品逐漸被市場淘汰，而新產品還未推出，銷售額下降，面臨負增長，以前的盈利點及貢獻能力正在下滑。此時企業尋找新的投資點及盈利產品是扭轉此局面的關鍵。

衰退期企業現金流特點：

⑴企業的現金流量逐步下降。

⑵維持現金流量正常循環是現金戰略的當務之急。

⑶現金流動性不足。

這一時期企業的現金流量管理戰略是防守型的，一般步驟是先退後進，或者邊退邊進，因此財務上既要考慮擴張和發展，又要考慮調整與縮減規模。具體戰略如下：

⑴應儘量集聚現金資源，可以隨時抽回在外投資的股權。

⑵考慮縮小投資規模，實施嚴格的現金預算控制，削減費用，壓縮成本。

⑶調整股權結構，出售子公司或部份資產，保持現金的流動性。

第五節　不同企業規模的現金流戰略

1. 中小型企業現金流戰略

中小型企業的經營環境不同於大型企業，從而造成它與眾不同的經營特徵：

⑴中小型企業往往局限於國內市場，並且市場往往充滿以降低利潤為代價的價格競爭。

⑵所有者傾向於獲取企業總收益中較大部份的投資回報。

⑶在大型企業中經營運用的管理措施和技術方法，如計劃、管理會計等，在小型企業中較難實施。

⑷員工培訓計劃較少，導致勞力的低效率。

⑸中小型企業對外部運營環境更敏感，法律的制定、稅收政策的改變等，均會對中小型企業產生較大影響。

中小型企業是區域經濟的主體，絕大多數中小型企業集中在勞動密集型行業，在相當長的經濟發展時期，中小型企業現金短缺問題一直是困擾中小企業發展的棘手問題。解決問題的關鍵就是要制定科學的現金流戰略。

⑴根據企業自身條件，在資金使用上遵循可持續發展的戰略原則，防止過度使用資金，加強計劃性。中小企業在資金有限的情況

下，不宜盲目進行多元化經營或投資，而應將資金全部投入主業的發展，提高主業的造血功能，增加現金流入量，規避經營風險。

⑵建立資金儲備制度。可按銷售收入的一定比例提取資金存入企業專戶，供企業資金出現危機時使用。

⑶長期保持與銀行等金融機構的關係，保證融資管道的暢通。企業應加強與銀行的長期合作，按時還本付息，使企業在長期發展過程中始終得到銀行的支援。另外，在經營中嚴守信用，杜絕拖欠其他企業款項的現象，在自身處於危機時，也可得到其他企業的理解和支持。

⑷積極採取吸收外部投資等融資方式，進一步拓寬融資管道。只有這樣，才能防範資金短缺的風險，保證企業健康穩定的發展。

⑸選擇適宜的投資行業，高檔消費領域並不適合於中小企業，而更適合於資金雄厚的大企業。因為資本雄厚的企業有足夠的現金儲備保證現金流量的循環運轉。對於中小企業來講，應發揮自身優勢，提高銷售利潤率，可透過降低企業成本費用、增加產品及服務的技術含量等多種途徑來實現。

⑹保持現金的合理水準，加強現金的流動性。企業在進貨時，應加強存貨的管理決策，不應只考慮成本因素，更重要的是要依據企業的銷售能力，進行科學的計算，按照合理的進貨批量進行採購。

⑺儘量減少非生產用的固定資產的購置，保持其轉型靈活的優勢，這才是中小企業得以發展的根本。

2.大型企業現金流戰略

大型企業現金流量特點：

⑴大型企業的現金流量較小企業充足。這是因為大型企業有一定的市場佔有率，有較穩定的行銷網路，銷售比較穩定，現金回流

相對較快捷；再加上大型企業的產品品種多樣，不同品種的產品間盈利具有互補性；另外，大型企業競爭力一般較強，遭受環境變化的適應力強，使大型企業的整體經營環境要優於小企業所處的經營環境，因此大企業經營活動帶來的現金流量較小企業充足。

⑵大型企業較小企業的現金預算性強。大型企業的科學管理必須依靠全面預算，而全面預算管理中，對企業未來現金流量做出預算是非常重要的。企業內部各成員單位間透過現金預算，統籌規劃、調劑資金餘缺，提高了企業資金的使用效率，無論是對外融資或是投資決策，都降低了資金的需要規模，節約了資金成本。而在融資幫助方面，小企業優勢不足，對外部資金的依賴性強，易受到資本市場變動的衝擊和影響。

⑶大型企業更依賴現金流量的控制與規範。現金流量控制是管理一個企業的現金收入、企業內各部門間現金轉賬及企業現金支出的技術。大型企業的組織規模大，管理層次較多，因此，對於現金流量的控制主要依靠制度，透過組織來實施控制，如果現金流量管理的組織與控制薄弱，將使企業付出巨大的代價，或者支付高昂的成本，或者放棄收入。如企業內部的現金沒有進行合併而導致不必要的透支費用；或浮存期與現金回收期過長，在本應有進行投資的情況下，卻將資金全部投入了營運活動。例如在獲准的信用期到期前向供應商付款。因此，大型企業更注重現金流的組織控制建設，這是現金流戰略中不可缺失的內容。

相對於中小型企業來說，大型企業往往是擁有多個子公司或分公司的集團性企業，因此，現金流量的控制應重點從企業集團整體的角度出發，而不能僅僅考慮某個子公司或分公司的利益。因此，大型企業在制定現金流戰略時應注意以下幾個方面：

⑴實行現金的集中控制和結算，減少企業內部現金的在途時間，提高現金的使用效率。企業集團內部子公司或分公司之間存在大量的內部現金收支業務，與中小型企業只存在對外收支有很大不同。因此，大型企業應將內部收支業務的控制和結算作為企業現金控制的重要內容。大型企業通常實行現金的集中控制和結算，以優化企業內部現金的流轉。具體是透過成立內部結算中心來辦理內部現金結算，以減少企業內部現金的在途時間，提高企業現金的使用效率。

⑵採用現金預算進行現金收支的控制，提高現金收支的控制力度。大型企業的現金收支業務量比中小企業要大得多，控制起來難度較大，現金控制的最高決策層對每一筆收支業務進行控制是不現實的，因此，大型企業往往首先要求下屬子公司或分公司編制自身的現金收支預算，企業總部進行匯總形成企業整體現金收支預算。匯總現金收支預算批准後，企業總部和各子公司或分公司都要照此預算進行控制。這樣一方面能發揮各子公司或分公司對現金收支控制的積極性；另一方面可以根據實際收支情況及時調整預算，並隨時採取有效措施保證現金預算的順利完成。

⑶更多地依靠企業內部組織在現金流量控制方面的職責分工來進行現金流量的控制。大型企業不能僅僅依靠某一個人或一個部門完成現金控制的職責，必須建立企業現金控制的組織制度，具體包括兩方面：一是建立現金流量控制的職責分工制度，將現金流量控制的職責分配到多個相關部門和個人當中，並形成有效的內部牽制制度；二是建立現金流量控制的流程，規範現金審批和報銷程序。相對於中小企業而言，大型企業強調的是集體在現金控制方面的作用，相應地弱化了個人的作用。

⑷大型企業籌資基礎較強，管道更加多樣，籌資壓力更大。大型企業經營規模較大，支撐企業生產經營的現金流入不會像中小企業那樣僅僅依靠自身的經營活動，透過籌資活動取得現金是保證企業不斷擴大生產規模的重要條件之一，因此，大型企業籌資壓力相對於中小企業更大。而大型企業通常籌資基礎較好，有大量的資產可供抵押，同時具有較高的信用度，籌資較為容易，既可以採用銀行借款，也可以採用發行股票和債券等多種管道進行融資。根據大型企業現金需求量大的特點，企業更宜採用上市融資的方式取得資金。

⑸大型企業投資活動現金流出量相對於中小企業更大，投資選擇的機會更多。大型企業因維持自身生產經營或擴大再生產的需要，一方面要不斷進行固定資產的更新改造和技術領域的研發；另一方面要不斷地對外投資新的經營領域，實現多元化的經營戰略。因此，投資項目的成敗往往會對企業日常的生產經營產生重要的影響，大型企業在投資時應慎重選擇投資項目，進行充分的可行性分析，特別是要加強對投資項目現金流量的預測和控制，避免過度佔用企業日常的生產資金，給企業的運營帶來負面影響。

◀))) 第六節 （案例）現金流對企業的重要性

現金流對初創企業的重要性就像血液是人體不可或缺的元素一樣，人體靠血液輸送養分與氧氣，只有血液充足且流動順暢，人體才會健康，人才能維持生命與活力。如果動脈硬化、血管阻塞，人便有休克性死亡的危險。

　　企業若沒有充足的現金就無法運轉，更可能危及企業生存。可以說，現金流決定著企業的生存和運作的「血脈」。

　　現金狀況的好壞對一個企業來說作用很大，特別是初創期的中小企業，經營者更應該做好公司的「血脈」現金流的管理。

　　資金鏈出現問題對於每個企業來說都是一個關乎生死存亡的大問題。資金鏈短缺曾經讓許多知名企業，或轟然倒下，或受重創放緩腳步，令人歎息。

　　事實上，任何一個組織的生存和發展都需要一條健康、有效的資金鏈來維繫和支撐。

　　迅速成為中國最大印染企業又迅速隕落的浙江江龍控股集團公司，就是死在資金鏈斷裂的典型。

　　江龍印染由陶壽龍夫婦創辦於 2003 年，是一家集研發、生產、加工和銷售於一體的大型印染企業。2006 年 4 月，新加坡淡馬錫投資控股與日本軟銀合資設立的新宏遠創基金簽約江龍印染，以 700 萬美元現金換取其 20％ 的股份。同年 9 月 7 日，江龍印染(上市名為「中國印染」)正式在新加坡主板掛牌交易，陶壽龍因此一夜成名,迅速成為浙江紹興印染行業的龍頭老大。

　　大好形勢之下，陶氏夫婦的「印染王國」迅速膨脹——在短短幾年間，江龍控股總資產達 22 億元，旗下擁有江龍印染、浙江南方科技有限公司、浙江方圓紡織超市有限公司、浙江紅岩科技有限公司、浙江方圓織造有限公司、浙江百福服飾有限公司、浙江百福進出口有限公司、浙江春源針織有限公司等多家經濟實體及貿易公司，業務範圍極廣。

　　2007 年，江龍控股的銷售額達到 20 億元，陶氏夫婦達到了事業的巔峰，並成為各地政府招商部門眼中的紅人。不過，

受國家宏觀調控的影響，2007 年年底，紹興某銀行收回了江龍控股 1 個多億的貸款，並縮減了新的貸款額度。銀行的意外抽貸更是讓陶壽龍大傷腦筋。江龍控股的現金流和正常運營隨即受到重大影響，百般無奈之下，陶氏夫婦開始轉向求助於高利貸，公司經營也每況愈下。

「只要沾染上了高利貸，有幾個企業能夠全身而退的？」江龍控股的一個供應商說。在江龍控股出現資金危機後，除了借高利貸維持公司正常的週轉外，陶壽龍夫婦還展開了一系列的自救行動，以維持公司的運行。據報導，該公司資金鏈斷裂或將涉及高額的民間借貸，其中拖欠供應商的貨款就達 2 億元左右。加上一些對外擔保和其他債務，總數額已遠遠超過 20 億元。

2008 年 10 月初，董事長陶壽龍及其妻子失蹤。隨後不久，陶壽龍被紹興縣人民檢察院批准逮捕，該公司總經理、陶壽龍的妻子嚴琪也因涉嫌故意銷毀會計憑證罪被批捕。江龍控股被重組。

江龍控股的隕落，資金鏈斷裂是主要原因。現金流就是一個企業的命脈，有句古語叫「一文錢憋死英雄漢」，其實講的就是現金流對企業的重要性。

第 *3* 章

如何輕鬆調度資金

🔊 第一節　公司的資金流向

　　公司的資金調度，關係到許許多多各式各樣的交易，又與許多商業規則息息相關，所以乍看之下實在很難去掌握。

　　從公司的設立到營運的階段看起吧！公司成立之後，股東所繳納的股款即供做公司的資金之用，如果資金不夠，再向銀行借入，所集資金用來購買辦公室或工廠的機器設備；如果是製造業，則利用這些資金購買原料以製作產品。因此，在製造業裏，資金幾乎都用在購買原料、材料、半成品等的存貨上面，一直到做好成品賣出去之後，資金才會回流。進而將回流的資金用來支付原料、人事費用及其它經費，剩下的資金先存起來，待年度結算時做為支付稅金或股東紅利之用，再剩下的部份就作為公司的保留盈餘。從這點看來，公司的資金就如同人類的血液一般，經常在公司內部不斷循環。像這種資金的流動，就叫做「資金的週轉」，如此不斷反覆下

去，公司就會不斷繁榮成長。

服飾廠商兩年進過三次當鋪，一次是將冬季的服裝抵押，以有更多的資金進夏季服裝，兩年來他的資產從 6000 元發展到擁有 30 多萬元。

圖 3-1　公司內部的資金流向

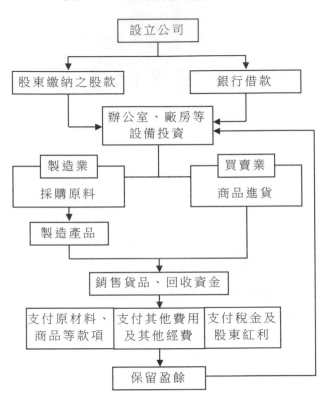

有一家生產毛衣的小廠，僱了一批郊區農民手工編織毛衣，出產一批便拿到當鋪當掉，換了錢購置新毛線，織成毛衣又拿到當鋪當掉，如此反覆，到 9、10 月毛衣上市季節，便到典當行一次性贖走全部毛衣，投放市場，活了資金省了倉庫，可謂一石二鳥。

　　公司內部的資金問題之所以複雜，是因為生意上的往來並非全都是以現金交易，而這一點和公司資金問題的考慮有相當密切的關係。

　　生意上的往來若是完全以現金交易，會使資金能力不足的公司成長更為遲緩。

　　也就是說，如果以現金交易作為回收條件來銷售產品的話，就會造成限制買方也只能用手邊僅有的現金來購買產品的現象。購買原材料時，如果不需使用現金支付貨款的話，就可藉由付款日期延後來進行大量生產。

　　換句話說，公司的買賣並非在交易發生時以現金支付，而是基於彼此的信用，以應付帳款及票據的方式來延後付款，也就是靠著「信用往來」而持續成長的。所以，公司的資金運作，也必須根據這種「信用往來」去考量。

　　泡沫經濟崩潰，公司倒閉的情形屢增。無論處在什麼時代，公司倒閉都是悲劇。一旦倒閉，公司職員的生活重心頓失，從職員的家庭到往來的客戶，對大家而言都是場悲劇。據說，在日本每年約有 10 萬家左右的公司誕生，而 10 年後只剩下 20%的公司繼續生存。近來，負債總額超過 1000 萬日幣的大額破產事件，每年也都會發生 1000 件以上。這些公司破產的直接原因大都是在於資金調度發生問題，導致支付能力喪失而產生退票所致。總之，過度忽視資金調度的重要性，乃導致公司破產的前兆。

　　而令人驚訝的是，那些公司倒閉之後，有很多負責人都感歎地奉下：「當時若能有正確的資金運作，就下會落得倒閉的下場了！」

　　在許多倒閉的公司例子中我們可以發現，他們大都在營業額方面有成長，利益也同樣很順利地持續增加，但由於借款過多，當資

金週轉上突然有急需又借不到錢，等到發覺時，卻早已開出了無法兌現的空票，「於是公司就在剎那之間遭逢破產的命運。」

◁))) 第二節　現金流循環週期

　　經營活動現金流循環始終伴隨在企業生產經營活動之中。企業的一個生產經營循環開始於原材料的購買，生產加工出產成品，產成品入庫，最後循環結束於產品的銷售環節，為方便理解，我們將這種生產經營循環定義為經營循環。現金流循環則與之相呼應，從付款購買原材料開始，到銷售產品從客戶手中收回現金後結束。本節所要討論的現金流僅指產生於企業經營活動中的現金，稱之為經營活動現金流循環，簡稱現金循環週期。

　　不同類型的企業都有自己的經營循環和現金流循環的特點，從流程發生順序到時間長短都可能各不相同。我們以製造業企業的現金流循環為例，如圖 3-2：

圖 3-2　經營活動現金流循環週期圖

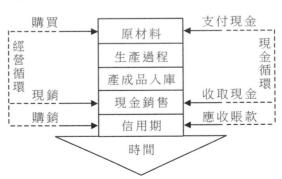

1.現金流循環週期計算

　　每個企業都應該知道自己的現金循環週期。根據經營活動現金流的時間流程，可知現金循環週期的長短取決於三個因素：存貨週轉期、應收賬款週轉期、應付賬款週轉期。它們之間構成關係為：

現金流循環週期＝存貨週轉期＋應收賬款週轉期－應付賬款週轉期

　　如圖 3-3 所示：

圖 3-3　現金流循環週期圖解

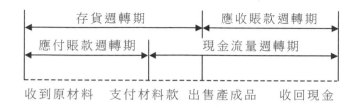

收到原材料　支付材料款　出售產成品　收回現金

2.最佳現金流循環週期

　　經營活動產生的現金流量佔整個企業現金流量的絕大部份。營運資金又稱循環資本，是指維持一個企業日常經營所需的資金，與現金流量循環密切相關。

圖 3-4　營運資金循環週期

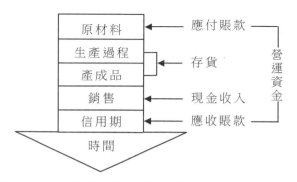

　　結合圖 3-4，可以看出現金流量循環時間影響決定了營運資金

規模。我們可以把整個現金循環時間分成 4 個部份：

⑴存貨週轉期：如果存貨庫存時間延長，則庫存量就會增加。

⑵生產週期：如果生產速度放慢，就會有更多的成本費用沉澱在生產成本中。

⑶應收賬款週轉期：如果客戶拖延付款時間，則應收賬款數量就會加大。

⑷應付賬款週轉期：如果延長向供應商支付賬款時間，相應就減少自己的資金佔用。

現金循環的變化也影響企業現金流量。現金循環週期的延長，以及存貨、應收賬款的增加和應付賬款的減少，都將減緩現金的回收速度。現金循環週期的縮短，以及存貨、應收賬款的減少和應付賬款的增加，則加速了現金的回收，最終使現金餘額增加。

每個行業或企業的現金流循環週期的長短是不一樣的。例如，一家飯店在早晨購買新鮮農產品，將原材料轉變為食物，然後在一天當中出售這些食物並回收貨款。支付和收回現金之間的時間間隔不到一天，即該飯店的現金流循環週期是一天。相反，航空業的經營週期和現金流循環週期則要長得多。設計、研發飛機以及有關原材料採購的合約談判需要花幾年的時間，接下來是漫長的製造和測試階段，之後是銷售階段，通常採用長期租賃的形式。

從技術上講，企業應該盡可能縮短並確定自己合理的現金循環週期。如果現金循環週期過長，應縮短現金循環週期，從而減少營運資金規模，但縮短後的現金流循環應確保在可預見的未來具有可持續性，不會破壞企業的效率，否則將增加企業生產經營風險。

3.我們在現金流管理中能做什麼

現金流管理是一門新興的科學，它透過管理企業的現金資源來

支援企業的各種經濟活動，透過對現金的收支管理使企業保持具有活力的流動性，防範風險並創造效益。

現金流管理至少具有 7 項主要職能：

⑴透過對企業現金流相關數據的分析，預測企業的現金狀況。

⑵根據企業所處行業及自身條件，選擇合適的現金流管理戰略。

⑶對企業可能出現的現金流風險進行及時的預警和全過程的控制。

⑷加強現金流的計劃管理，對企業收支進行控制。

⑸加快現金流入的速度並有效地收集流入的現金。

⑹掌控現金流出的時機。

⑺實施有效的內部監控，確保企業現金資源的安全。

第三節　公司倒閉前的症兆

企業經營最困難的一件事，就是如何加強資金管理的能力。

法國大英雄拿破崙的銘言：「打勝仗要有三個條件，第一個條件是錢，第二個條件也是錢，第三個條件還是錢。」俗語說：「一文錢可以逼死英雄好漢」，經營企業的老闆儘管是業績呈現了千萬元的利潤，可是過不了當天三點半的支票大關，第二天必然是醜事千里傳，債主將會蜂湧而來，再者，企業資產的評估，可以從 40 多億的價值濃縮到 6 億，足見資產變現及現金流動的重要性。當前企業由於先天自有資金的不足，經營體質可說是很脆弱的。

景氣好時，即使身邊沒有一文錢，借高利貸投機，只要時來運

轉，真的瞬間即成為億萬富翁；可是一旦景氣低迷，不僅資金被套牢，而且告貸無門，每天軋頭寸、跑三點半，碰到學者專家脫口即問：「景氣何時好轉？」真是令人哭笑不得。

企業猶如人體，營業是企業的眼睛，會計是公司的心臟，而資金即為企業的血液；血液循環不好，公司就有倒閉的危險。

1.無法適應動盪不安的環境變化

在當前瞬息萬變的經營環境下，印證了優勝劣敗，適者生存的至理名言，例如日本豐田小汽車橫掃美國新大陸市場，逼得美國汽車業者停工減產而虧損累累。美國 NCR 公司政向電腦業發展而轉虧為盈。日本佳能會社也從影印機領域轉向信息工業發展，均為最佳的事例。由是之故，中小企業的市場及顧客過於集中，則其風險無從分散，如果又從事單一產品之經營形態時，一旦景氣轉劣，勢將無法採取應變的措施，只有「坐以待閉」。

企業外部環境有了急激之變化，僅憑努力與動勁即能獲取高額機會利潤的時機已不復再來，今後將面臨的是一個動盪不安的時代；經營者之首要工作，即為確保事業生存的能力及建立企業的結構力和健全性，俾能培養突變狀況下的適應能力，進而掌握新的契機。

由於外部環境的變化，將會影響到企業的收益性及銷貨實績，例如經濟不景氣與政府縮緊銀根政策之影響，造成房屋建設業界之空前危機，宣告退票倒閉的建設公司比比皆是。所以經營者要有敏銳的洞察能力，能夠適應環境的變化，適時機動調整經營之目標及方針，方能避免倒閉危機之發生。

2.自己資本不足

中小企業經營者最希望投資 10 元的資本能夠創造百元的銷

貨。如果資金發生短絀，甚至以高利貸舉債，造成了先天財務結構的不良與負債（金額的過大），難怪一般民營企業之自有資本比例（自有資本÷總資本）超過 50%以上者微乎其微。

　　曾請教頗多之中小企業經營者的創業資金是多少？所得答案真令人欽佩，亦即創業資金以告貸方式者居多，利用高度經濟成長的大好時機，運用他人資本來擴大營業利益，這種時勢造英雄的創業成功者，並不重視自己資本不足的經營危機，可是面臨不景氣之經營環境時，所發生之效果適得其反，此因自己資本的薄弱而需負擔沉重之利息支出，致使赤字虧損更加嚴重，造成資金短絀的惡性循環，飽嘗負債過大所造成之後果。

3.企業超過實力的過大投資

　　由於景氣過熱時期，盲目擴充產銷規模與進行龐大的設備投資，未能洞察行銷市場的急激變化及具備充裕的資金計劃，造成了資金完全凍結於固定資產的苦果。某一紙業公司老闆，在未考慮自身資金薄弱的條件下，盲目擴充設備來達成提高原有生產能力三倍的計劃，然而卻換來市場景氣的蕭條，機器轉嫁率大為降低，造成了利息負擔增大與固定成本高漲的惡果，以致其經營實績虧損累累，面臨了倒閉的邊緣。

　　多年來與中小企業經營者的朝夕相處，獲悉彼等對於資金管理常識的薄弱，曾經有一位老闆對於固定資產的價值超過淨值的五倍而喜不自勝，根本不瞭解企業的投資設備過巨發生資金短絀的嚴重性。

4.最高經營者的計數感覺薄弱

　　說起來令人難以相信的一件事實，亦即 70%以上的中小企業從來無法確知經營業績的盈虧，此因企業未能建立健全的會計制度，

一種業績具有三套帳，虛虛實實，真真假假，弄得老闆也迷迷糊糊，月終決算無從做起，預算控制與目標管理，資金計劃與利益計劃等之管理技巧更是無法運用。這種缺乏計數管理的經營感覺，實為企業倒閉的導火線。

世界首富 J.Paul Getty 氏所著的「How to be rich」一書中言及：「曾經調查許多企業界的幹部，雖都是美國第一流大學企業管理系的畢業生，說起來令人難以相信，竟然連資產負債表也看不懂。利潤一詞的意義也弄不清楚，甚至幹上了高級主管既沒有成本觀念，也沒有利潤意識，終遭致革職之後果。」當前中小企業的經營者，絕大多數也會發生上述的情況。

5.利息負擔過大

以放高利貸為生的業者如不遭遇倒帳的損失，可以說是當前景氣低迷時期一枝獨秀的行業。

台灣的銀行利率本來就此外國高，而黑市利率更是高得嚇人。一般言之，利息負擔如佔銷貨淨額 10%以上時，即有倒閉的危險。目前企業經營超過上述利息負擔比率之業者比比皆是，難怪票據交換所拒絕往來戶的件數直線上升。由此可見中小企業的經營者必須痛下決心來研究資金管理實務之改善，實為當前刻不容緩的急務。

6.缺乏銷貨競爭力

任何資力最雄厚的公司，也受不了銷貨業績連續三個月下降50%。此因銷貨業績表示生意好；請問各位「什麼叫做生意」？所謂生意就是生存的意志，銷貨差就是生意差，也表示求生的意志低落，從而也顯示了企業將有倒閉的可能性。

在台灣做生意沒有三天的好光景，例如電動玩具業由於政府政策的變更，內銷生意不能做了，銷貨業績即刻一落千丈，除非經營

者能夠臨機應變及改頭換面來轉換經營的方向，例如改向電腦行業或拓展外銷，否則將因企業缺乏銷貨的競爭力而宣告倒閉。

有位朋友在去年轉向投資迷你隨身聽的產品，原本外銷報價尚有利可圖，可是經過半年的試製階段之後，材料也大批進口了，售價較前期降低 45%以上，業者的削價競銷，簡直是不計血本而自相殘殺。

7.經營者缺乏經營戰略運用技巧

商場如戰場，軍隊打仗，講究的是戰略與戰術的靈活運用，「三分軍事，七分政治」更代表了當前總體戰的環境下，政治是戰略，換言之即為企業的方針、目標、計劃、軍事是戰術，亦即是管理的手段、工具及制度等，如果戰略成功，即有七分的勝算；可惜當前的中小企業老闆常將企業經營的戰術之運用本末倒置。俗語說得好：「男怕選錯行，女怕嫁錯郎」，當前的企業經營只要選對了行業，即有七成的勝算，例如水泥業的黃金時代相當長久，受到不景氣傷害的程度很小，顯見其產品壽命率之強韌。

有一家金屬製造業者感覺企業規模日愈擴大，外包管理日趨複雜，曾聘請某大學的企管專家前來指導經營實務，設計了許多管理制度及有關的表格，同時也增加頗多的事務人員。從事現場工作改善，把學校所學的 IE 及 QC 的管理技術全部搬上用場，結果適得其反，經營業績反而虧損累累。

而後經過經營診斷分析，發現虧損主因在於製品的附加價值收益性太低，僅材料費即佔銷貨淨額的 90%，這家公司如何能夠賺錢呢？亦即企業規模必須與製品導向互相配合，如果公司產品的製造，即連小工廠，也能代勞而未具有生產優位性時，則必然要走入削價競銷的末路。所以該家廠商改向開發車輛蓋等之高附加價值產

品之後，經營業績隨之好轉。因此在當前低成長不景氣時期，經營者如再不重視戰略與戰術的運用技巧，恐有公司倒閉的經營危機發生。

8.銀行的支持停止

銀行是晴天借傘、雨天還傘最現實的行業，中小企業由於先天不足及後天失調之經營環境下，向銀行告貸融資本屬不易，一旦被銀行通知借款到期必須償還，就在「有借有還，再借不難」的美麗言詞下，拼著老命向民間告貸來償還銀行借款，也聽信銀行經理的保證，重新所申請的貸款在下週必能批准兌現，可是「天有不測風雲，人有旦夕禍福」，若遇銀根緊縮或信用政策變化，到時候連銀行經理也愛莫能助，如此銀行支援的突然停止，也是導致資金週轉不靈而宣告公司倒閉之主因。

9.研究開發力之不足

日本及美國的經營者閱讀新產品開發的新聞時，都會心驚肉跳而精神緊張，可見先進國家多麼重視研究開發。

日美大企業每年必定從銷貨額中提撥固定比率基金來從事新產品的研究開發，此因創新是企業發展的原動力，無創新即無企業，反觀中小企業以仿造粗制為能事，一味偷工減料及殺價競銷，自相殘殺至無利可圖而宣告倒閉才肯甘休。所以在 TMG 的企管密集訓練時，一再強調研究開發力的重要性，唯有不斷地研究開發高附加價值的新產品，方能避免企業倒閉恐怖感的威脅。

第四節 資金運作準則

有人說:「利益我懂,但對資金卻一竅不通。」是由於未將利益結構與資金結構視為一體所致,若弄清楚了這兩個結構中那個結構出了問題的話,應該就不會再引以為苦了。

因此,請掌握四項基本原則:

⑴量入為出。

⑵培養對「帳目與金額不符」的警覺性。

⑶掌握資金「調度」與「運用」的結構。

⑷將資金劃分為週轉資金與固定資金兩部份。

就針對以上四點循序說明。

1. 量入為出

如果以運動來做比喻的話,我們可以說:「如果利益代表棒球,那麼資金就是打擊了。」打棒球時即使在前八局都輸球,也可能會因第九局的得分而反敗為勝,公司營運的情況也是如此:期末之前即使沒有絲毫利益產生,也可能在期末銷售額突飛猛進、大幅成長,利益自然就出現。相對地,在最後一局以前即使都是勝利在望,但只要在最後一局未有打擊表現,沒得到半點分數的話,很可能就會被後攻的球隊追上,結果輸了這場球賽。

資金的運作更是如此。表面上營業額和利益都在掌握之中,但資金調度一旦累積到某一程度而無法順利支付的話,公司勢必就要宣告破產。因此,最重要的就是要量入為出。公司的情形和家庭收支的情形很類似,最後都會因為回收而有收入,因付款而產生支出。

公司資金運作的基本原則也就是要掌握收入與支出這兩大項目。在經濟景氣而公司業績也很平穩時，即使稍微多支出一點，也不致於會對收入造成影響。但當經濟不景氣而公司業績也開始惡化時，那就必須要控制支出了。例如預測到未來 2 年的經濟不景氣，公司業績會逐漸萎縮，那麼在目前就要規劃並執行人員的減量計劃，逐步地裁掉不必要人員，半年內裁掉 15%人員，1 年內裁掉 30%人員，一步一步執行。

總而言之，在考慮資金運作時，最重要的一件事就是「預先訂定收入計劃，再配合收入來進行支出」。一旦發覺「收入計劃」執行績效有問題，立即修正，並配合招待相對應的工作。

2.培養對「帳目與金額不符」的警覺性

「營業額成長了，為何反為資金問題所苦？」

「這個月的帳目上明明有盈餘，為什麼還會有資金下足的問題？」

「那家公司都是黑字，為什麼還會宣告破產？」

在公司經營方面，常會發生類似上述幾種不可思議的現象。那也就是所謂的「帳目與金額不符」及「黑字破產之謎」。那麼，究竟是什麼原因導致這些現象發生呢？

在計算公司從成立到結束所需的所有損益時，我們可得知：收入＝收益、支出＝費用、手邊現金＝利益；而在計算方面，損益計算與資金計算理應一致。但是，實際上公司的損益計算是一段時間（通常為一年）的營業成績，由於是採期間損益來計算，所以收入≠收益、支出≠費用。就如同先前所提到的一樣，公司之間的交意並非完全是以現金進行的，而是基於信用往來為基礎。

計算公司利益的會計原則是「費用系根據支出來記帳；收益則

依據收入來記帳，並在其發生期間做正確的個別處理。」此項原則即是所謂的「發生主義」。

那麼，損益計算與資金計算會產生出入的是那一部份呢？在日常交易中，經常發生的有下列四個項目：

⑴應收債權：系指業已提列營業額並列入收益，而實際上尚未進帳的收入部份。

⑵存貨資產：系指業已支出，但尚未當作銷貨成本提列成費用的部份。

⑶固定資產：系指業已支出，但尚未當作折舊費列成費用的部份。

⑷應付債務：系指業已提列至銷貨成本，記入費用欄，但尚未支出的部份。

圖 3-5　損益計算與資金計算的差異可在資產負債表上顯示

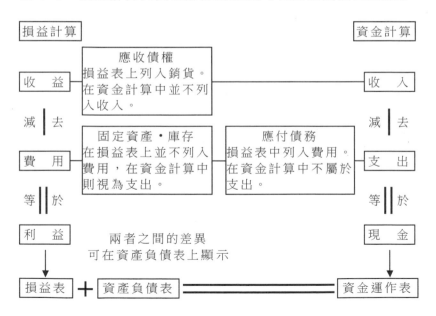

只要參照圖 3-5 所列的資金運作表、損益表、資產負債表之關係即可一目了然。

想必大家都知道，資金運作表上列有某一段固定期間內的資金「收入」與「支出」二項科目，當銷貨收入不足以供應支付所需負擔的資金時，就要設法以借款或票據貼現等方式來籌措不足的資金，以求得資金供需的平衡。而損益表則如前頁所述，是用來表示某一固定期間內的損益，資產負債表則是用來歸納公司營運的「財產內容」。

換句話說，顯示在損益表上的是公司採用何種營業方法；而顯示在資金運作表上的是何種回收與付款條件；最後，有多少的應付帳款、多少的應收帳款、存貨有多少增減則表示在資產負債表中。

要瞭解公司業績，就必須將這二種表格綜合起來考慮才行。接著，就讓我們假設買進 8 萬元的商品，以 10 萬元賣出時，各種不同的交易方式會對資金運作表、損益表、資產負債表有何種不同的影響。

⑴ A——現金買進、現金賣出。

⑵ B——現金買進、賒帳賣出。

⑶ C——賒帳買進、現金賣出。

⑷ D——賒帳買進、賒帳賣出。

A 是完全的現金交易，所以收入＝收益、支出＝費用，故利益為手邊所有的現金 2 萬元。B 是現金買進賒賬賣出，所以手邊的現金不到 8 萬元，故必須借入不足的現金。C 為賒帳買進現金賣出，故無需支出現金，而擁有銷貨額的全部金額 10 萬元。D 為賒帳交易，所以完全沒有現金流動，即使有 2 萬元的收益，現金仍為零。

以上的內容若記入損益表，表示不會因交易方式不同而有所差

異，但若記入資金運作表和資產負債表，則會產生不同。

表 3-1　資金運作表與 P/L，B/S 的關係

	資金運作表		損益表		資產負債表	
A	收入	10 萬元	收益	10 萬元	現金 2 萬元	利益 2 萬元
	支出	8 萬元	費用	8 萬元		
	現金	2 萬元	利益	2 萬元		
B	收入	0	收益	10 萬元	應收帳款 10 萬元	借款 8 萬元
	支出	8 萬元	費用	8 萬元		
	現金	8 萬元	利益	2 萬元		利益 2 萬元
C	收入	10 萬元	收益	10 萬元	現金 10 萬元	應付賬款 8 萬元
	支出	0	費用	8 萬元		
	現金	10 萬元	利益	2 萬元		利益 2 萬元
D	收入	0	收益	10 萬元	應收賬款 10 萬元	應付賬款 8 萬元
	支出	0	費用	8 萬元		
	現金	0	利益	2 萬元		利益 2 萬元

3.掌握資金調度與運用的結構

公司藉由資金的循環使資金不斷增值、成長，而這些資金的流動，則可區分為「調度」與「運用」二方面。

(1)資金調度

做生意首先要有本錢，若為個人小本生意，則店東要拿些本錢出來：要成立公司，則各股東先要繳納股款供做資本金之用。除此之外，也有人向銀行等金融單位借款以籌措資金。以資本金或保留盈餘等自給自足方式調度而來的資金，我們稱之為「自有資本」；反之，若自銀行等處借款而來的資金我們叫做「借入資本」。這兩

種資本最大的不同在於，自有資本不需還款，借入資本由於是向他人調借而來，當然就需有還款動作；理所當然地，還款時還會有利息的發生。

自有資本愈多，對公司的經營自然就愈有利，尤其是保留盈餘不需還款，而且還是不需花費成本又可自由運用的資金。所以，雖然同樣是資金調度，但調度方式的不同，對公司的營運成長也會產生很大的差異。

(2)資金運用

從自有資本及借入資本調度而來的資金，可投資以下幾點：

①辦公室及廠房等之設備

②原材料、半成品、產品、商品等之庫存

③應收帳款及應收票據等之應收債權

④人事費、廣告費、研究發展費等經費之支出

以上這些資金的功能就在於「資金的運用」。總括而言，資金的運用可用於投資辦公室及廠房等設備之長期性的「固定資金」（又叫做設備資金）；亦可用於投資購買原材料、應收帳款、支付經費等短期性的「週轉性資金」。

4.週轉資金與固定資金的劃分

看看週轉資金與固定資金的個別運用方式吧！首先，讓我們先來掌握短期性資金——週轉資金的調度與運用。可當作週轉資金運用的有以下四項：

⑴現金、存款、有價證券等之流動資金；

⑵應收票據、應收帳款等之應收債權；

⑶商品、原材料、半成品、產品等之存貨；

⑷其他應收款及暫付款等的其他流動資產。

此外，需要調度的週轉資金有以下三項：

⑴應付票據、應付帳款等之應付債務；

⑵短期借款；

⑶應付稅款、預收款等之其他流動負債。

因此，在檢討週轉資金是否順利週轉時，只要掌握調度與運用的狀況即可。

另外，有關長期性的固定資金有以下三種運用方式：

⑴投資建築物、土地、機器等之設備；

⑵投資研究開發專利權、商標權等之工業所有權；

⑶對關係企業、子公司等之股份投資。

而這些固定資金的調度方式有以下兩種：

⑴股款及保留盈餘等之自有資本；

⑵發行公司債、長期借款、退職準備金等從借入資本調度而來的固定負債。

🔊)) 第五節　（案例）管好企業的現金流

創業者要高度重視現金流的管理。大多數創業者的原始資本都是自己的血汗錢，或是找親戚朋友借來的。如不重視現金流的管理，最終會造成帳面有利潤，賬下無資金的困境，陷入無以維持、無法週轉的境地。

企業是以贏利為目的的，但當前不乏有一些企業刻意的追求高收益、高利潤。因此往往會有這樣一種錯誤的思想，認為企業利潤顯示的數值高就是經營有成效的表現，從而一定程度

上忽略了利潤中所應該體現出來的流動性。作為企業的資金管理者應當要能夠充分、正確地界定現金與利潤之間的差異，利潤並不代表企業自身有充裕的流動資金。

正如戴爾公司董事長面對公司虧損時的反省之言：「我們和許多公司一樣，一直把注意力放在利潤表的數字上，卻很少討論現金週轉的問題。這就好像開著一輛車，只曉得盯著儀錶板上的時速表，卻沒注意到油箱已經沒油了。戴爾新的營運順序不再是『增長、增長、再增長』。取而代之的是『現金流、獲利性、增長，依次發展。」

1.注重流動性與收益性的權衡

現金對企業來說非常重要，那是否意味著帳面上現金越多越好，答案是否定的，創業者更要注意流動性與收益性的權衡。要根據企業的經營狀況、商品市場狀況、金融市場狀況，在流動性與收益性之間進行權衡，做出抉擇。

現金的持有固然可以使公司具有一定的流動性即支付能力，但庫存現金的收益率為零，銀行存款的利率也極低，因此，持有現金資產數量越多，機會成本越高。

如果減少現金的持有量，將暫時不用的現金投資於債券、股票或一個短期項目，固然可以增加收入，降低現金持有成本，但也會由此產生交易成本以及產生流動性是否充足的問題。因此，創業者要在保證流動性的基礎上，盡可能降低現金機會成本，提高收益性。

2.合理規劃、控制企業現金流

企業現金管理主要可以從規劃現金流、控制現金流出發。規劃現金流主要是通過運用現金預算的手段，並結合企業以往

的經驗，來確定一個合理的現金預算額度和最佳現金持有量。
如果企業能夠精確的預測現金流，就可以保證充足的流動性。
同時企業的現金流預測還可從現金的流人和流出兩方面出發，
來推斷一個合理的現金存量。

　　控制現金流量是對企業現金流的內部控制。控制企業的現
金流是在正確規劃的基礎上展開的，主要包括企業現金流的集
中控制、收付款的控制等。現金的集中管理將更有利於企業資
金管理者瞭解企業資金的整體情況，在更廣的範圍內迅速而有
效地控制好這部份現金流，從而使這些現金的保存和運用達到
最佳狀態。

3. 用好現金預算工具，做好現金管理工作

　　對於剛剛起步、處於創業初期的企業來說，現金流量估計
(或現金預算)是一個強有力的計畫工具，它有助於你做出重要
的決策。首先要注意確定現金最低需要量，起步企業的初期階
段現金流出量會遠大於現金流人量。

　　待初創企業達到一定規模時，可以逐步擴展到規範的現金
流管理，它包括現金結算管理、現金的流人與流出的管理等內
容。在任何情況下，合理、科學地估計現金需求都是融資的重
要依據。

🔊))) 第六節 （案例）亞馬遜公司的現金流

Borders 是美國傳統商業模式的圖書零售企業，固定成本和運營資本投資隨著企業規模擴大而增加。Borders 公司在銷售收入 2.7 億美元時，固定資產佔銷售收入的 80％，運營資本(應收賬款＋存貨－應付賬款)佔銷售收入的 21％。銷售收入 10 億美元時，固定資產佔銷售收入仍然高達的 72％，運營資本仍然佔銷售收入的 20％。與銷售收入 27 億美元相比，基本上沒有變化。其財務指標見圖 3-6。

圖 3-6　Borders 的關鍵財務指標

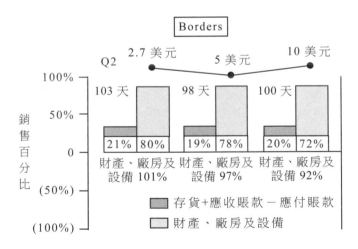

Borders 盈利穩定，現金收入為正。由於公司的現金投資規模驚人，最終綜合的結果是負的自由現金流。

而借助網路平台構建新的商業模式的 Amazon，高額的行

銷支出及相對較少的銷售增長使公司虧損逐年增加。但同時，公司資產負債表專案產生了現金流入，通過應付賬款及其他各種由供應商提供的無息貸款的增加及應收賬款的減少，公司營運資本逐漸減少。由於公司用於固定資產及電腦設備的投資也很少，最終 Amazon 從現金收入為負，現金投資為負，朝著現金收入為正，現金投資為正的方向迅速變化。

　　Amazon 銷售收入在 1 億美元時，運營資本佔銷售收入的比例為-7%；固定資產佔銷售收入的比例只有 26%。銷售收入在 10 億美元時，固定資產佔銷售收入的比例下降到 13%，運營資本佔銷售收入的比例下降到-9%。見圖 3-7。

圖 3-7　Amazon 的關鍵財務指標

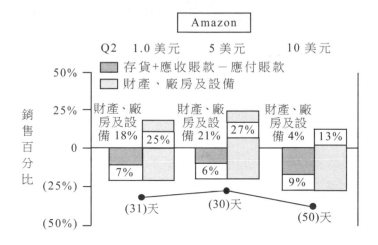

第 *4* 章

強化資金週轉能力

🔊 第一節　首先要掌握運轉資金的原則

　　只知道計算利益而不知如何計算資金的人到處可見。實際上，在運轉資金方面有幾項原則可循，只要能掌握這些原則，運轉資金的調度和運用就會輕鬆多了。

　　運轉資金與固定資金不同，它是通過日常營業活動來管理的。所以，要想徹底瞭解運轉的種種，就必須先掌握日常的管理原則。管理原則大致可區分為下列五種：

1. 第一個原則

　　盈餘可使資金增加，增加的金額與盈餘的金額一致；反之，虧損會使資金減少，減少的金額也與虧損的金額一致。

　　舉個簡單的例子，現金購入 10 萬元的商品，以現金 15 萬元賣出，則資金調度表的內容為：收入＝15 萬元、支出＝10 萬元、手頭現金＝5 萬元；損益表的內容為：收益＝15 萬元、費用＝10 萬

元、利益＝5萬元，所以利益5萬元也就是手頭上留有的現金5萬元。換句話說，資金調度表與損益表的金額一致。

2.第二個原則

伴隨支出所產生的非資金費用金額，可使資金增多。

費用中的折舊費用與退休金準備雖列為當期費用，但實際上在該期並無現金支出的發生。

將利益與非資金費用歸納在現金流入（現金盈餘）裏的情形已提過了。若要投資設備可運用這些現金，若不做設備投資，則將這些現金留在手邊，可供其他運轉之用。

3.第三個原則

應收債權（應收帳款、應收票據）增加會導致資金減少，所減少的金額即為應收債權增加的金額。應收債權減少時則反之。

接下來，讓我們探討「應收帳款」與「應收票據」之不同。應收帳款與應收票據對資金需求的影響是相同的，但票據方面尚可做以下幾點融通之用。

(1)票據到期即可變為可用資金

票據和應收帳款不同的是，票據上清楚載有付款日期。應收票據受到票據法的保障，所以只要不發生退票，在法律上較應收帳款更能保護債權。

(2)票據可以背書轉讓

購買商品或材料時，可以不必開立自己公司的票據，而利用往來客戶所開立的票據，在其背後簽名蓋章，藉以支付貨款。這就叫做票據的「背書轉讓」。

(3)票據貼現

將收到的票據拿到金融機構去做擔保，並請求融資。但此時需

支付至票據到期日為止的利息，這種利息我們稱之為貼現息，這種行為即所謂的票據貼現。

4. 第四個原則

商品、原材料、半成品、產品等之存貨會消耗資金，所消耗的金額即存貨的增加金額。反之，存貨減少可增加資金，所增加的金額額亦與存貨的減少金額相同。

做生意不可能在商品全部賣完之後才進貨，因此一定會準備定量的存貨，以便隨時提供客戶需求。這麼一來，就需有購買這些存貨的運轉資金，所以有人說：「存貨就是金錢。」其原因就在比。

5. 第五個原則

應付債務（應付帳款、應付票據）的增加，會使可用資金增加，所增加的金額和應付債務增加的金額一致。相同地，應付債務減少，會使可用資金減少，其減少金額即為應付債務的減少金額。亦即，應付帳款和應付票據增加可使資金運轉更充裕。

如果單就自己公司情況來考慮的話，一旦發現運轉資金有不足現象時，就將過去用現金購買的東西改成賒帳方式購買；或將應付票據的支付期間延長，借著應付債務的調整來增加資金週轉的空間。但是，實際上的生意往來大都是依客戶的立場及商業習慣等來決定付款方式，故需多加注意。如果一味延長支付期間，不僅失信於對方，還可能被人懷疑資金調度發生困難，甚或導致公司即將倒閉的傳言，故需於事前謹慎思考才行。

🔊)) 第二節　掌握資金的流動與運用

一、何謂資金的流動與運用

用以表示公司業績的財務報表包括損益表及資產負債表,損益表顯示的是在某特定期間的業績,而資產負債表則為顯示特定時日的業績。也就是說,損益表是以動態來表示公司的業績,而資產負債表則是以靜態來表示。

公司的業績原本就是依據資金的流動情形來計算,因此業績與資金的關係可說是相輔相成的。換句話說,資金也有從固定數字或從流動觀點來掌握某段期間內移動情形的報表,那就是「資金運用表」及「資金異動表」。

資金運用表是藉由某段期間資產負債表之間的比較,從調度面和運用面來表達該段期間資金的活動。而資金異動表則是根據顯示某段期間經營成績的損益表,及期初與期末的資產負債表,將該段期間的資金流向,採總收入與總支出的方式製作。

二、B/S 與「資金運用表」的關係

接下來,讓我們看看,表示資金靜態的資產負債表與「資金運用表」之間關係的具體例子。請參照表 4-1。

比較 A 股份有限公司上月與本月的資產負債表之後,並計算其差額得出以下結果:

1. 由於流動負債增加，因而調來的 2300 萬元，系運用在流動資產上。

2. 從資本等利益調來的 1000 萬元，系運用在流動資產上。

3. 固定資產中建築物的折舊費用 100 萬元，系運用在流動資產上。

像這樣將某一時段與另一時段的資產負債表加以比較並計算差額，即可從某一時段的多餘資金(即手邊現有的資金)之中，分析該期間的資金調度及運用情況。

表 4-1　資金的運用與流動之間的關係

資金狀況 / 資金狀態表現	4 月 1 日	4 月 1 日～4 月 30 日的狀況	
	1 億元	收入 4000 萬元	1.1 億元
		支出 3000 萬元	
資金的運用狀態 (資金運用表)	4 月 30 日(月末)～4 月 1 日(月初)		
	1.1 億元(運用)－1 億(調度)＝1000 萬元		
資金的流動狀態 (資金異動表)	4 月 1 日～4 月 30 日(1 個月期間)		
	4000 萬元(收入)－3000 萬元(支出)＝1000 萬元		

三、B/S、P/L 與「資金異動表」的關係

接下來，計算從 4 月 1 日到 4 月 30 日一個月間的資金收支情況，即一個月份資金的流動情形。請參照圖 4-1。

①上個月的現金存款有 1300 萬元。

②本月的營業收入為 7800 萬元。

③本月的費用支出為 9500 萬元，因而得知本月的收入與支出的差額為 1700 萬元，即資金不足 1700 萬元。

圖 4-1　一定期間的 B/S 比較，觀察資金的運用與調度情形

圖(1)　A 公司的 B/S

資產	前月	本月	差額	資產	前月	本月	差額
流動資產	57000	91000	34000	流動負債	41000	64000	23000
（現金、存款）	(13000)	(16000)	(3000)	（應付債務）	(41000)	(44000)	(3000)
（應收債權）	(26000)	(48000)	(22000)	（借款）	(0)	(20000)	(20000)
（存貨）	(18000)	(27000)	(9000)	資本	50000	60000	10000
固定資產	34000	33000	△1000	（資本金）	(30000)	(30000)	(0)
（建築物）	(24000)	(23000)	(△1000)	（準備金）	(20000)	(20000)	(0)
（土地）	(10000)	(10000)	(0)	（盈餘）	(0)	(10000)	(10000)
合計	91000	124000	33000	合計	91000	124000	33000

整理出資金運用及調度之明細

圖(2)　資金運用表
（自××年4月1日至××年4月30日）

1. 運轉賣金的部份
   (1) 應付債務的增加　　　　3000
   (2) 應收債權的增加　　△22000
   (3) 存貨增加　　　　　　△9000
   (4) 資金不足　　　　　△28000　①
2. 設備資金的部份　　　　　　　0
3. 決算資金的部份　　　　　10000
   (1) 本月利益　　　　　　　1000
   (2) 非資金費用　　　　　11000　②
       （折舊費）
4. 財務資金的部份
   (1) 借款增加　　　　　　20000
   (2) 現金、存款增加　　　3000　①＋②＋③

圖(3)　資金的運用

圖(3)A　流動資產

科目	前月	本月	差額
現金、存款	13000	16000	3000
應收票據	14000	23000	9000
應收帳款	12000	25000	13000
商品	18000	27000	9000
合計	57000	91000	34000

圖(3)B　固定資產

科目	前月	本月	差額
建築物	24000	23000	△1000
土地	10000	10000	0
合計	34000	33000	△1000

圖(4)　資金的調度

圖(4)A　流動負債

科目	前月	本月	差額
應付票據	20000	21000	1000
應付賬款	21000	23000	2000
借款	0	20000	20000
合計	41000	64000	23000

圖(4)B　資本等

科目	前月	本月	差額
資本金	30000	30000	0
準備金	20000	20000	0
盈餘	0	10000	10000
合計	50000	60000	10000

圖 4-2　從 B/S、P/L 來計算收支

圖⑴　A公司的 B/S

資產	前月	本月	差額	資產	前月	本月	差額
流動資產	57000	91000	34000	流動負債	41000	64000	23000
（現金、存款）	(13000)	(16000)	(3000)	（應付債務）	(41000)	(44000)	(3000)
（應收債權）	(26000)	(48000)	(22000)	（借款）	(0)	(20000)	(20000)
（存貨）	(18000)	(27000)	(9000)	資本	50000	60000	10000
固定資產	34000	33000	△1000	（資本金）	(30000)	(30000)	(0)
（建築物）	(24000)	(23000)	(△1000)	（準備金）	(20000)	(20000)	(0)
（土地）	(10000)	(10000)	(0)	（盈餘）	(0)	(10000)	(10000)
合計	91000	124000	33000	合計	91000	124000	33000

圖⑶　資金異動表（資金的流向）
（自××年4月1日至××年4月30日）

	前月現金存數	13000	①
收入	營業額	100000	②
	前月應收債權	26000	③
	本月應收債權	△48000	④
	銷貨收入	78000	⑤=②+③－④
支出	銷貨成本	70000	⑥
	經費	20000	⑦
	前月應付債務	41000	⑧
	本月存貨	27000	⑨
	本月應付債務	△44000	⑩
	前月存貨	△18000	
	非資金費用	△1000	
	費用支出	95000	=⑥+⑦+⑧+⑨ －⑩－　－

圖⑵　P/L

科目	金額
銷貨收入	100000
銷貨成本	70000
（月初商品）	(18000)
（本月進貨）	(79000)
（月末商品）	(27000)
銷貨毛利	30000
經費	20000
本月盈餘	10000

當月折舊費建築物1000 除了折舊費，所有經費皆以現金支出 銷貨與進貨之貨款，皆採賒帳方式

借款	20000	
本月現金存款	16000	=①+⑤－　＋

④借款進帳 2000 萬元。

⑤本月現金存款餘額為 1600 萬元。

像這樣利用損益表上的收支來調整資金的庫存量，即可計算出一個月的總收支。能夠用以掌握某一段時間資金流動情形的表格，我們就稱為「資金異動表」。

第三節　審核公司內部的財務體質

一、首先要確實掌握現況

想開始做任何一件事之前，一定都是從瞭解現況開始。公司內部的資金問題亦如此。若要掌握現況，首先必須備妥資產負債表，然後將「總資本」視為百分之百，如表 4-2 計算出各項百分比。在這裏，就以 A 公司為例，診斷該公司的財務體質。

表 4-2　百分比資產負債表

公司名稱　　　　　　　　　　　　　　　××年 3 月 31 日現在

100%	運轉資金 76.3%	手邊現有流動資金 18.3%	借入資本 66.9%	流動負債 54.5%	應付債務 31.3%
90%				短期借款 19.9%
80%		應收債權 30.6%		其他 4.5%
70%				固定負債 12.4%	公司債 2.2%
60%		存貨資產 20.6%		長期借款 9.0%
50%				其他 1.2%
40%		其他 6.8%	自有資本 33.1%	股東繳納之股款 21.0%
30%	固定資金 23.7%	有形固定資產 3.3%		
20%		無形固定資產 3.0%		保留盈餘 12.1%
10%		投資等 17.4%		

二、從 B/S 的右側開始審核三個問題點

要審核公司的財務體質，必須從資產負債表的右側看起。

圖 4-3　A 公司資產負債表的要點

（××年3月31日現在）　　（單位：百萬元）

科目	金額	科目	金額
（資產部份）		（負債部份）	
流動資產	44059	流動負債	31494
現金存款	10549	應付票據	14910
應收票據	5230	應付帳款	2492
應收帳款	12458	短期借款	11514
存貨資產	11914	未付費用	1187
其　他	4104	其　他	1389
備抵呆帳	△197	固定負債	7138
固定資產	13545	公司債	1300
有形固定資產	1883	長期借款	5202
建築物	1056	其　他	635
土　地	171	負債合計	38633
其　他	656		
無形固定資產	1710	（資本部份）	
投資等	9951	資本金	4855
投資有價證券	5885	法定公積	7272
其　他	4075	保留盈餘	6964
備抵呆帳	△9	（本期利益）	(837)
遞延資產	120	資本合計	19092
資產合計	57725	負債·資本合計	57725

運轉資金（流動資產～備抵呆帳）
固定資金（固定資產～遞延資產）
借入資本（負債部份）
自有資金（資本部份）
總資本

- 營業額　　　　58264 百萬元
- 營業額月平均　 4855 百萬元

1. 自有資本與借入資本的比率

首先要注意自有資本在總資本中所佔的比率，亦即「自有資本比率」。以 A 公司為例，其自有資本比率為 33.1%，也就是說，調

度 1000 萬的資金，其中有 331 萬是自有資本。一般的中小企業因業種而有不同，但大都以超過 30% 為目標；事實上，自有資本比率超過 50% 者，就可稱為財務體質優良的公司了。

2. 自有資本中的保留盈餘

保留盈餘愈多的公司就是愈賺錢的公司。以 A 公司為例，由股東募集而來的股款為資本金 48.55 億元，法定公積為 72.72 億元，合計 121.27 億元。保留盈餘為 69.64 億元，故較資本金與法定公積的合計為少，不妨再增加一些保留盈餘的比率為佳。

3. 借入資本中的借款情形

借款可分為短期借款和長期借款兩種，短期借款是為週轉資金而借，長期借款則是為固定資金而借，用途各不相同。此時要注意的是，借款總額可達相當於多少月份的營業額，這就叫「借款依存度」。

借款依存度＝借款額÷〔營業額月平均（年度營業額/12）〕

借款依存度依業種及業況而有所不同，但一般而言超過 3 個月就要特別注意，超過 5 個月則表示借款過多，有問題。

A 公司的短期借款有 115.14 億元，長期借款有 52.2 億元，借款總額為 167.16 億元：而營業額為 582.64 億元，月平均為 48.55 億元，故借款依存為 3～4 個月。另外，若再加上公司債來計算「有息負債依存度」，有息負債總額為 180.16 億元，故該項依存度為 3～7 個月，稍微有些過度依賴外部資金的現象。

如此一來，就可藉由資產負債表右側的資金調度情形，掌握財務體質的問題點了。這裏尤為重要的，就是自有資本比率及借款依存度。

圖 4-4　從 B/S 的右側掌握問題點

A 公司資產負債表的要點

（××年3月31日現在）　　（單位：百萬元）

科目	金額	科目	金額
（資產部份）		（負債部份）	
流動資產	44059	流動負債	31494
現金存款	10549	應付票據	14910
應收票據	5230	應付帳款	2492
應收帳款	12458	短期借款	11514
存貨資產	11914	未付費用	1187
其　　他	4104	其　　他	1389
備抵呆帳	△197	固定負債	7138
固定資產	13545	公司債	1300
有形固定資產	1883	長期借款	5202
建築物	1056	其他	635
土　　地	171	負債合計	38633
其　　他	656		
無形固定資產	1710	（資本部份）	
投　資　等	9951	資本金	4855
投資有價證券	5885	法定公積	7272
其他	4075	保留盈餘	6964
備抵呆帳	△9	（本期利益）	(837)
遞延資產	120	資本合計	19092
資產合計	57725	負債‧資本合計	57725

1.自有資本比率？→31.3%

2.自有資本內容？→股東繳納的股款比保留盈餘還多

3.借款依存度？　→3、4 個月

三、從 B/S 的左側來討論三項重要課題

接下來要看的是資產負債表的左側，左側所表示的是資金的運用情形。

圖 4-5　從 B/S 的左側掌握問題點

A 公司資產負債表的要點

（××年3月31日現在）　　　（單位：百萬元）

科目	金額	科目	金額
（資產部份）		（負債部份）	
流動資產	44059	流動負債	31494
現金存款	10549	應付票據	14910
●應收票據	5230	應付帳款	2492
●應收帳款	12458	短期借款	11514
●存貨資產	11914	未付費用	1187
其　　他	4104	其　　他	1389
備抵呆帳	△197	固定負債	7138
●固定資產	13545	公司債	1300
有形固定資產	1883	長期借款	5202
建築物	1056	其他	635
土　地	171	負債合計	38633
其　他	656		
無形固定資產	1710	（資本部份）	
投　資　等	9951	資本金	4855
投資有價證券	5885	法定公積	7272
其他	4075	保留盈餘	6964
備抵呆帳	△9	（本期利益）	(837)
遞延資產	120	資本合計	19092
資產合計	57725	負債・資本合計	57725 ●

➤ 1. 應收債權的回收期間？ → 3.6 個月
➤ 2. 存貨的週轉期間？　 → 2.4 個月
➤ 3. 固定比率？　　　　 → 70.9%

1. 運轉資金與固定資金的比率

　　首先要從運轉資金與固定資金之比例的多寡來決定「資金形態」。一般而言，買賣業、建築業等行業是屬於運轉資金較多的資金形態；旅館業、運輸事業等行業，則是屬於固定資金較多的資金形態。先掌握自己公司的資金形態，就可進而找出管理資金的方法。

如果是屬於運轉資金較多的公司，則須注意以下幾點：

⑴手頭資金有無任意揮霍的情形？

⑵是否有過度縮減必需經費的情形？

⑶貨款回收期間是否無法掌握？

⑷是否有不當庫存？

另外，屬於固定資金較多的公司則需注意以下幾點：

⑴是否有過度投資設備的情形？

⑵是否有過多的閒置資產？

⑶設備投資的效率是否難以控制？

⑷對關係企業是否有不當投資？等等。

2.運轉資金(流動資產)的內容

我們知道運轉資金包括手邊現有的流動資金、應收債權、存貨，以及其他的流動資產。

接下來，我們就要計算這些科目各有多少資金，各佔多少運用比率，以及各自相當於幾個月份的營業額(即週轉期間為幾個月)等內容。

(1)手邊現有的流動資金

週轉期間若超過 2 個月，則代表手邊資金充裕。但其中若含有高比例的有價證券，而該有價證券的資金來源是從借款而來，那就必須嚴加注意了。

(2)應收債權的週轉期間

這裏指的期間乃表示至債權回收為止的日數，所以超過 3 個月以上就要注意，超過 5 個月問題就嚴重了。另外，由於這段期間是表示未回收的期間，因此一些未到期的貼現票據也要記得算進去。

以 A 公司為例，應收票據 52.3 億元，應收帳款 124.58 億元，

故應收債權總額為 176.88 億元，則應收債權週轉期間為 3～6 個月。

(3)存貨週轉期間

這是表示存貨可供幾個月份的營業額使用之數字，故若時間太長，則表示有太多運轉資金浪費在購買下必要的存貨上，同時還意味多花了無謂的倉管費用。

A 公司的情況為：存貨有 119.14 億元，存貨的週轉期間為 2～4 個月。週轉期間的長短會因業種而不同，但一般以 30 天左右為最恰當，故 A 公司似乎長了些。

3.固定資金(固定資產)的內容

在這裏，要掌握的是固定資金使用於設備投資(有形固定資產)、智慧財產權(無形固定資產)、對關係企業的投資(各項投資等)上的資金各有多少？各佔多少比率？然後再計算運用於固定資產的資金有多少是來自自有資本？這就是所謂的「固定比率」。

$$固定比率＝固定資產÷自有資本×100\%$$

這項比率若在百分之百以下，則表示固定資金完全靠自有資本來供應，可說是「以自有資本經營」的優良企業。

以 A 公司的情況來看，固定資產為 135.45 億元，自有資本為 190.92 億元，所以固定比率為 70.9%，也就是說，有大約 30%是利用運轉資金來週轉。

從以上幾點得知，若要從資金的運用狀況來掌握財務體質，最重要的就是留意應收債權的回收期間、存貨的週轉期間以及固定比率三項課題。

🔊)) 第四節　從何處調度資金

一、先運用「自有資本」來推動業務

要讓一家公司成長，首先必須懂得如何調度資金。資金調度的途徑有二：一為自有資本；二為借入資本。從自有資本中調度資金的方法有以下二種方法：

1. 股東繳納的股款

自有資本的基本來源就是來自股東所繳納的股款。這也可以區分成兩部份：

(1)資本金

即公司營運的本錢，分配股利時，即按照各股東所繳納的股票面額比率進行分配。

(2)資本公積

唯有在公司增資、減資或合併時才會發生。而一般所稱的溢價額則是指超過股票面額發行股票所得的金額，此項金額亦可累積成資本公積。

在泡沫經濟時代裏，有許多公司頻頻以時價發行股票，因此有許多溢價部份可供調度，對增加自有資本有很大的幫助。

另外，有關股票的發行在此無法詳述，但亦有發行無面額股票或是以無償增資、轉換公司債等特殊方法來籌股者，故須特別留意。

2. 由內部資金來調度資金

由內部資金來調度所需資金對公司而言，是一項很重要的籌措

途徑。

(1)保留盈餘

系指公司所得利益扣除稅金、紅利、董監事酬勞之後所剩之盈餘。

(2)非資金費用

折舊費用、退休金準備等編列額在會計中雖列為費用，並從利益中掃除，但實際上並沒有現金支出，故將這些費用稱之為「非資金費用」。廣義而言，這些費用亦可視為自有資金的一部份。

保留盈餘及非資金費用系屬流動資金的一種，亦屬自有資金的一種。雖同屬流動資金，但由於折舊費系指對於「已投資於機器設備之資金」的回收資金，所以事業若要持續經營，勢必在不久的將來會再投下資金更換機器設備。因此，保留盈餘是一項可自由運用的資金，至於非資金費用的運用，則會受到限制。

由於保留盈餘是每天利益的累積，因此若以保留盈餘來調度資金，則無法一次調度到許多資金。不過，要想發展公司業務，首先還是要從盈餘裏獲得自有資金才行。

二、再由「借入資本」來調度資金

資金調度的另一種方法就是由借入資本來調度，這種調度方式有以下三種：

1. 自金融機構借款

和從自有資本中調度資金不同的是，由於是向銀行等處借來的資金，所以當然有還款的必要，同時也必須支付利息。

但是，和發行公司債不同的優點是手續簡便、借款期間與金額

可視實際需要隨時調整。常用的借款方式有票據貼現、本票借款、透支、借據借款等。

2.發行公司債

這是公司借著公司債的發行向不特定的多數人調度資金的一種調度方式。實際上，一般中小企業不得發行，但中型企業以上的公司即可藉由此種方法調度資金，不失為一種好處多多的調度方式。

尤其是在泡沫經濟時代裏，就有許多上市公司利用轉換公司債及發行附新股繼承權公司債等方法來調度資金。

3.利用企業之間的信用關係

所謂信用往來，可從兩方面來看：若從進貨面來看，由於是延後支付貨款，因此屬於調度資金；若從銷貨面來看，由於延遲回收貨款，因此受到影響的是資金的運用。

換句話說，進貨時產生的是應付帳款與應付票據等「應付債務」，所以針對這些債務延後付款可以延後調度資金的時間；而銷貨所產生的是應收帳款、應收票據等「應收債權」，所以針對這些債權延後回收，將會導致資金回收時間延後，影響資金的運用。

表 4-3　各種資金調度方式

資金的調度	自有資本	1. 股款
		2. 保留盈餘(非資金性費用)
	借入資本	1. 企業間信用關係(應付帳款· 應付票據)
		2. 來自金融機構等之借款
		3. 發行公司債

🔊))) 第五節　要預知資金增減的方法

西方的一些企業，往往從表面上看起來運轉良好，貨物很暢銷，但突然之間破產，這常常是由於其沒有好好把握資金運動的特點。

有的人會將資金運動理解為財務人員的事，如果財務人員能做好資金調度，公司就不會出現資金緊張，這種看法不可取。

商品的生產、銷售和中間的各個環節都要靠企業各部門共同協調。如果生產部門出了問題，銷售部門就難以完成任務；若銷售部門不景氣，貨物積壓，就難以取得充足資金使生產部門運轉。資金運動和整個企業的生產、銷售運動密不可分。

從銷售部門角度看，其銷售量若有增加，往往會認為現金回流增加，而生產部門認為生產量增加必引導收入增加，而在票據兌現以前企業週轉現金必會因增加產量投入過高而導致不足，若此時發生資金困境是可以理解的，往往經營良好的企業在擴大經營規模時因資金不足導致「技術性破產」。從財務部門看，若產量和銷售量增加，產生短期內應付票據增加，長期應收票據增加，從而使短期資金出現不足現象。在這種情況下，就要增加流動資產，或者增加籌資能力。

若銷售量減少，商品不適銷，或者銷售部門付出努力不足，導致庫存增加，則表現在財務上會出現應收款項減少的趨勢；若保持生產額度不變，相同情況下，也會出現資金週轉困難；若生產額度縮小，則會出現整個企業的生產規模下降趨勢。

　　牽一髮而動全身，許多企業都只重視企業的財務部門，這不是因為財務部門比其他部門重要，而是因為財務部門的賬目可以表現出各部門的經營運行狀況。企業作為一個整體，各部門連動性很強，財務上出問題往往不是或不僅是財務部門的原因，而是其他部門的原因。因為資金運動具有這些特點，我們可以據此判斷資金的增減。合理逃避風險。

　　一般來說，每個企業都有大部份固定的往來客戶，其付款日期基本上全固定在每月的某幾日，公司的業務員可按時去收賬；如果用票據，就轉入銀行帳戶，大體也是每個月的固定日期。就支出方面看，進貨支出一般也會固定在某幾日，發給職員的薪資，也佔支出金額的很大一部份，此外，水電費、稅款也在固定的日期交付。這些款項的運轉，月月是如此，一般不會有很大的變動，通過觀察這些固定款項的運轉規律，可以幫助我們預知企業資金的增減時日。但這些款項在金額上也會有增減，為了強化資金週轉，有必要瞭解公司收入、支出情況。

　　對照收入支出款項交結日期，如果自己公司付款日和向客戶的收款日在同一天，資金週轉就比較簡單。事實上，付款日往往集中在某幾天，而收款日常常不定，所以在收款取得以前，如果不提前準備好資金，就無法應付支出。相反，若付款日遲於收款日，每次收款大體能抵下次付款，則可輕鬆應付資金週轉，將本月的資金變化同資金計畫相對照就可提前獲取資金增減的資訊。

第六節　週轉資金只可用在經常性需求

週轉資金是在短期內可以週轉的資金，而且是日常業務管理上所必須運用的資金。至於週轉資金主要的運用形態，則有以下幾種：

1. 手邊現有的流動資金

指已經調度而尚未使用的資金，或原本就有的剩餘資金。一般而言，它包括有現金、存款、短期間持有的有價證券等。必須注意的是：股票、公司債等都是為理財而持有的有價證券。眾所皆知，當泡沫經濟崩潰，時價一旦低於購入價格時，實質利益必定會減少，這就是所謂有價證券的再評價。

2. 應收債權的運用

企業是以信用交易做為基礎，故無法將營業額完全以現金回收，因而會有應收帳款及應收票據等未收金額的發生。營業額即使增加，一旦應收債權增多，而資金週轉情況不佳，就可能有「黑字倒閉」的危險，故應收債權的回收期間也必須加以留意。因此，以信用交易為基礎增加銷售額的同時，也必須詳加管理以防應收債權過度擴大。

3. 對於存貨的投資

製造業裏所謂的存貨系指原材料、半成品、產品等而言，而買賣業所謂的存貨，指的則是商品。

一般的存貨管理通常是著重在缺貨及不良率的管理，但現在要重視的則是只在有需要時才購入所需的對象，亦即所謂 JUST IN TIME 的觀念。因為當手邊握有不需要的材料及賣不出去的商品時，

對資金的週轉及管理存貨所需的花費而言是一種浪費,所以盡可能朝零庫存經營的方向努力。

除了以上幾點之外,還有暫付款、代墊款、其他應收款、預付款等其他流動資產可供短期運轉資金使用。

圖 4-6　運轉(短期)資金的運用方法

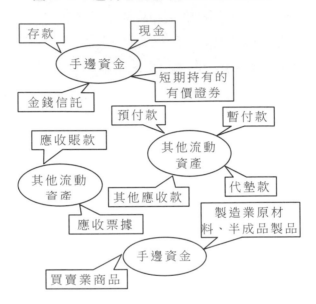

第七節　（案例）小型加工廠的週轉金要訣

　　一家小型加工廠，初期每月的加工收入足抵各項開支，資金調度尚稱靈活，不料最近以來客戶多改以遠期票據支付，貨款收回期長，週轉金時常短缺，只好以應收客票向朋友調現。

　　週轉金管理，是企業財務管理的重要課題，如何充裕週轉金，避免陷入週轉困難而影響企業營運，不外開源與節流二者，具體來說，就是要針對週轉金的來源與支出建立良好的管理。

　　下列幾點因素影響週轉金的需求甚大，應該特別注意：

　　1.應收款項收帳期限：收現週轉快，資金挹注多。

　　2.存貨庫存量：過多存貨將阻滯資金週轉。

　　3.付款期限：期限長對調度週轉金有利。

　　4.銷售量：銷售增加，可以增加存貨週轉速度。

　　5.負債：借款可增加週轉金，但借款到期通常需要週轉金償付。

　　良好的週轉金管理，必須做到下列幾點：

1.編制現金收支預估表

　　這裏所說的現金收支預估表，是公司對未來一定期間內預計發生的各項收入及支出，事前應作妥慎的計劃。預估表內包括：現金收入估計、支出估計、安全資金庫存估計及資金籌措運用計劃。依據公司的生產銷售等營運計劃編好這個預估表，使我們隨時可以知道公司需要準備資金的數量與時間，然後再予適當調度，以應付未來的各項支出，同時也可藉此檢討公司

的營運策略。

2.檢討銷售政策及付款方式

公司應收款項收帳期間的延長，或應付款項支付期間的縮短，都將發生營運資金的額外需求。實務上欲縮短收帳期間，有所謂現金折扣法，就是說客戶如果能在一定期間內付款者，則給予折扣，貴公司在洽談交易條件時，不妨考慮應用。

3.匯票、本票的融資方法

銀行業辦理票據承兌、保證及貼現業務，其所指之應收票據系指符合票據法規定之本票及匯票兩種，我們可以提供營業交易產生的匯票、本票為副擔保，向銀行辦理短期擔保放款，或以符合辦理貼現條件之應收客票(承兌匯票、商業本票)以貼現方式取得融資。

4.遠期支票的融資方法

目前工商界習慣以遠期支票做為支付工具，貴公司收受票據，以此種為多。銀行也受理這項票據作為副擔保，辦理短期放款。該項貸款由銀行依借戶實際週轉需要，核定額度，並可在此額度內循環動用，非常方便。不過，本項貸款辦法對申請資格及應收客票性質有所限制，必須是依法登記的公司行號，其財務結構健全，業務經營正常，提供作為副擔保的客票應以屬於商品銷售出租或提供服務等由實際交易行為產生者為限。

第 5 章

強化設備資金

第一節　長期資金購買設備資產

　　不同的財務工作者具有不同的思想和理財方式，正如每個家庭的理財方式千差萬別一樣。就公司內部薪資水準相同的職員而言，其薪資分配有很大差異，有的職員將大部份資金用於生活支出，而伙食費、娛樂費少；有的職員將大部份資金用於投資股票市場，爭取高風險的高收益；有的職員將大部份薪資用在購買債券，進行儲蓄上。

　　三種人有三種不同的結果，前一種人會一直過著安逸的生活，儘管他的財富與同期人相比會相對減少，在別人的住房面積擴大 2 倍時，他仍會住在原有的一間房中。第二種人寧可生活上先吃點苦，願接受風險謀求自己財富的增加，他的生活水準一般沒有下降的趨勢，因為底線已很低，財富會保持不變或增長。第三種人追求穩健，他的財富會不斷積累，但是難以登峰造極，只會達到中等偏

上的水準。每個家庭的理財方式的效果，在短期內是看不出來的，大約過了二三十年之後人們之間的差距會很明顯，正所謂性相近，習相遠。

公司或企業的資金管理目標，常要受到公司總的經營目標的限制，如果公司管理者思想開放，挑戰性強，很可能他的公司經營方式也較為激進，將絕大部份資金用於生產經營，而將少量資金留做流動資產。

公司的資金分為長期資金和短期資金。短期資金是指供短期（一般為 1 年以內）使用的資金。一般來說，短期資金主要用於現金、應收賬款、材料採購、發放薪資等，可以在短期內收回。

長期資金是指供長期（一般在 1 年以上）使用的資金。一般來說，它主要用於新產品的開發和推廣、生產規模的擴大、廠房和設備的更新，常常需要幾年甚至幾十年才能收回。

從資金成本上看，長期資金成本會高於短期資金成本。激進型的經營者往往傾向於使用較多的短期資金，較少的長期資金。公司的資產按表現形態來看，有固定資產、流動資產。流動資產以期限劃分為長期流動資產和短期流動資產。激進型的經營者會用短期資金融通部份長期流動資產和固定資產，從而減少資金成本。

說其為激進型，源於其做法導致風險很大。一般說來，在其他情況不變的條件下，公司所用資金的到期日越短，其不能償付本金和利息的風險越大；反之，資金的到期日越長，公司的融資風險就越小。

例如，公司準備增建廠房，財務部門用 1 年短期借款來融通這筆資金，在 1 年後債務到期時，房屋可能還未建完，即使建完，也可能裝修還未完成，還不能出售收回資金，這時，財務部就必須要

借新債，還舊債。如果某些因素使借款人拒絕提供新貸款，公司又必須償還舊債，這將會使公司面臨不能償還到期債務的風險；而若使用長期資金融通。則可能避免這種局面。

　　如用 8 年期的長期債券來融資，正常情況下，8 年內由該專案發生的現金流人應足能清償債務。如果用普通股來融資，則風險會更小。除上述不能按時清償的風險之外，不同償還期限的融資方法，在利息成本上也有很大的不確定性。如果採用長期債務融資，公司應明確知道整個資金使用期間的利息成本；而短期借款在一次歸還後，下次借款的利息成本為多少顯然不知道。若市場處於波動頻繁時期，短期利率變動很大，則利息成本的不確定性，也減少短期借款的風險。

　　綜上所述，這種風險構成了激進型經營的風險。與激進型經營相對，還存在著一種保守型經營，保守型經營者往往將長期資金的一部份用於短期流動資金，滿足流動資金的短期融通需要。這樣做風險比較小，但是成本較高，會使企業的利潤減少。除兩者之外，還存在一種中庸型的經營者，即長期資金用於融通長期流動資產和固定資產，短期資金用於融通短期流動資產。

第二節　從何處籌措設備資金

購置土地、房屋、廠房、暖械設備等固定資產,最好以自有資金支應,不得已時,才以中長期借貸支應,萬萬不得以短期借貸支應。因為短期借貸的資金成本(利息)遠較中長期借貸的資金成本為高,更可怕的是短期借貸必須隨時或在短期內償還,而不能不倉促中籌款填補。又經常性的週轉金如購買原料、商品或各項費用,亦應以中長期資金支應。

1. 增資的運用方式

在股票市場活絡時,大型企業可以輕易從股票市場上調度資金,藉以充實自有資本。但是,一般中小企業若想藉由增資以溢價方式調度資金則不是那麼簡單。

泡沫經濟崩潰之後,各企業在經營上不得不積極強化本身的財務體質。因此,各企業已無法一味依賴金融機構的借款,而必須充實自有資本。

於是從現在起,最重要的就是先做好隨時可藉增資來調度資金的準備動作。以下就是企業不可怠慢的努力重點:

(1)財務會計內容的公開

最重要的就是將公司的經營內容透明化,讓第三者也能對公司的經營內容以及財務內容一目了然。

(2)企業形象的提升

首先,企業要對社會有一份責任感,不要以操縱公司內部的觀念來經營公司,要想辦法借著職員認股制度,或是與客戶間的利益

平衡來安定公司的經營。

(3)維持分紅的安定化

增資的先決條件就是要讓股東們有紅利可分配，因此要想維持定期的分紅，就必須讓公司持續不斷的獲利。

(4)經營與資本的徹底分離

公司持續拓展業務需要很多的資金，這些資金若能完全依賴公司所獲得的利益，是最理想不過的，但現實上卻有困難。如果不斷增資，就會發生「經營與資本分離」的情形，此時最重要的就是確保管理者的經營權；因此，管理者的能力亦必須隨著公司的成長而成長。

2.發行公司債以代替借款

設備投資所需資金最好以自有資本來調度，但是，若想進一步擴大公司業務，則必須依賴借入資本。

大型企業在股票狂飆時，常會以「時價發行股票」及「可轉換公司債」、「發行附有新股繼承權的公司債」等方式來調度資金。

最早以前所謂的公司債，系指「股份有限公司所發行的一種作為固定有息債務憑證的債券」。法律上明文規定：股份有限公司只要具備某些特定條件即可發行公司債，但實際上卻只有大公司才發行公司債。發行公司債不僅需花費募集費、印刷費等發行費用，還需支付公司債的利息。更甚者是，當發行價格低於面額時，一旦公司債到期仍須依面額買回。

雖然如此，但還是有它的優點存在：

①可以轉借

從金融機構等處借來的款項必須在期限內還款，但公司債則可為還款再次發行。

②可以買回

資金充裕時，亦可用多餘資金買回公司本身發行的公司債以回收債權。

③利用通貨膨脹的效果

國家經濟的成長通常都會導致通貨膨脹發生，所以 100 萬的現金很可能在幾年後貶值。屆時所要還款的金額雖然不變，但價值減少的風險則無需自行負擔。

此外，還有近來盛行發行的「可轉換公司債」，又稱做「CB」。就是可轉換公司債的所有權人，以事先訂定好的轉換價格，買下附有股份轉讓權利的公司債。

但是，當股價下跌至轉換價格以下時，持有者亦可不行使轉讓權利，而當作一般的公司債持有。

所謂「附有新股繼承權的公司債」即為「附有股份收買權的公司債券」，也就是在一般公司債上附加「新股繼承權」。

換句話說，公司事先擬定好新股中的固定股數，並對這些固定股數賦於在一定期間內以一定金額成交的權利，但當股價跌至該一定金額以下時，該公司債即形同廢紙。

表 5-1　借款時的必備條件

提出文件	法人	職員
1. 基本資料		
(1)借款申請書	☐	☐
(2)印鑑證明書	☐	☐
①借款申請人 1 份	☐	☐
②連帶保證人 1 份	☐	☐
(3)土地建物登記謄	☐	☐
(4)公司執照及營利事業登記證影本	☐	☐
(5)公司決算申報書(3 年份)	☐	☐
(6)公司股東名冊及董監事名冊、公司章程、個人資料表、公司簡介	☐	☐
(7)負責人(個人)身份證明	☐	☐
2. 營業相關資料		
(1)各往來銀行的存借款明細	☐	☐
(2)最近三年的稅務申報書(公司所有借款餘額超過新台幣 3000 萬元者,則需提供由會計師簽證的財務報表)	☐	☐
(3)申請設備資金所需的借款時,需附上營運計劃表	☐	☐
3. 擔保物品相關資料		
(1)土地建物調查表	☐	☐
(2)土地公告地價證明書	☐	☐
(3)現場照片數張	☐	☐
(4)住宅平面圖	☐	☐
(5)土地建物謄本	☐	☐
(6)鄰近街道圖表	☐	☐
(7)實地測量圖	☐	☐
(8)建築確認圖	☐	☐
(9)室內分配圖	☐	☐
(10)買賣契約書及重要事項說明書	☐	☐
(11)鑑價報告書一份	☐	☐

3.向金融機構借款

在設備資金的調度方法中，最廣為利用的就是向金融機構借款。設備資金的回收需要一段相當長的時間，無法像短期借款採用一次還款的方式，因此大多都採用分期付款的方式償還長期借款。所以，在借款形式上就需提供借據以作為擔保之用。

長期借款的來源，通常是以保留盈餘和折舊費用為主；因此，若以長期借款購買的設備之耐用年數與借款的還款期間相同，而還款金額又與折舊費用一致的話，那就可用折舊費用來還款。但在時間上若出現無法銜接時，則需以利益來支應，故利益若無法持續確保，就有可能導致還款發生困難的現象。

因此，像是總公司及工廠等，在花費巨額投資耐用年數較長的機器設備時，不可僅只依賴長期借款，還需運用增資等其他調度方式一併考慮在內才行。此外，購買土地不會發生折舊費用，所以基本上是要以保留盈餘來當作還款來源。

但是，有些土地因地點而有增值的可能性，因此就帳外資產而言，土地亦兼有強化企業財務體質的功能。

4.靈活運用資金的租賃方法

近來，有一種變相的設備投資方式正被廣泛運用，那就是租賃。所謂租賃，是指租賃公司訂定一段租賃期間，將物品出租一事。換句話說，公司調度資金的目的，並非是為了要購買機器設備，而是以向租賃公司租借物品為目的。

一般而言，租賃的方法有許多種，而最常見的就是「融資租賃」，也稱「資本租賃」。所謂的「融資租賃」，就是以支付租賃物品的租賃費用來代替購買物品所需的借款，其租賃原則為不可中途解約。

　　請參考表 5-2 所列租賃之優缺點比較。利用租賃方式的缺點是租賃費用較高，但總比調度設備資金來得輕鬆，再加上租賃的物品不須列入固定資產，也無需計算折舊費用，故在事務手續上較為簡便。

表 5-2　租賃的優缺點

優　　　　點
1. 不需擔保設定
2. 租賃費用固定，核算容易，而且租賃的效果非常明顯
3. 資金可更有效地運用
4. 可使用最新型的機器設備
5. 租賃費用在稅法上可認列費用支出，其維修、保險、稅捐可核實列支

缺　　　　點
1. 以成本而言，較購入實物為高
2. 不可中途解約
3. 可供租賃的物品種類有限

第三節　設備的購置與租賃分析

　　樂津飲料公司位於中國北方。公司生產的產品是易開罐水果飲料，生產過程為連續性生產，由於受北方氣候環境的影響，公司的生產經營也有旺季和淡季之分。目前公司財務主管面臨著一個問題。

　　飲料公司所在地 100 公里以外的一個叫黑山鄉的地方，有一股一年四季長流不息的山泉，過去誰也沒有把這放在眼裏。2001 年，中國將黑山鄉方圓幾十里的山泉流域區定為旅遊區，從而引來了四

面八方的觀光客。後來,經有關部門的水質分析鑑定,認為該山泉
不僅符合飲用水標準,而且水中還含有多種人體生長所需要的微量
元素,有開發的經濟價值。2002 年初,黑山鄉引進外資,購置了
山泉水瓶裝生產線,在當地建立了經營山泉水的企業。由於該企業
的瓶裝能力遠遠小於純淨山泉水的自然資源提供量,使這一寶貴的
自然資源白白流失。為了使這一天然資源為鄉里的經濟發展提供財
源,黑山鄉購置了十輛水罐車向附近地區的企事業單位運送廉價泉
水。但由於附近地區的企業多半處於停產和半停產狀態,泉水的需
求量有限,每天充其量只需要 4 輛就足夠了。閒置的 6 輛車形成了
資金的閒置。因此,當黑山鄉得知果汁飲料公司開發罐裝山泉水品
種時,就主動向飲料公司提出轉讓水罐車或租賃水罐車的意向,並
提出了轉讓的優惠價和租金標準。公司領導責成財務部去認真研究
這個問題。

　　財務主管李先生擔當了研究這個項目的主角。他首先瞭解了相
關資訊,得知情況如下:如果購置車輛的話,按飲料公司的產量需
求,要保證山泉水供給,需要購置一輛水罐車,按照黑山鄉的標價,
每輛車 8 萬元,其價格低於市場價的 5%。每輛水罐車每年的運行
支出為:油料費 2400 元,養路費 800 元,車輛使用稅 480 元,司
機月薪資 1000 元,車輛保養費 1600 元,車輛保險費 1200 元,其
他費用為 2000 元。

　　如果租賃的話,按季承租水罐車每季租金 15000 元(含司機薪
資以及各項費用支出),由於公司為飲料生產企業,生產經營有旺
季和淡季之分,公司淡季為 6 個月,但租金要在年初支付。同時,
李先生知道銀行長期貸款年利率為 8%。

　　在此投資方案的決策中,是購置花費的成本高,還是租賃花費

的代價大，採用時間價值計算方法，通過比較兩者的年均成本來做出投資結論。

投資決策指標是評價投資方案是否可行或孰優孰劣的標準。長期投資決策的指標很多，但可概括為貼現現金流量指標和非貼現現金流量指標兩大類。

非貼現現金流量指標是指不考慮資金時間價值的各種指標。這類指標主要有如下兩個：

⑴投資回收期：投資回收期是指回收初始投資所需要的時間，一般以年為單位，是一種使用很久很廣的投資決策指標。

⑵平均報酬率：平均報酬率是投資專案壽命週期內平均的年投資報酬率，也稱平均投資報酬率。

貼現現金流量指標是指考慮了資金時間價值的指標，這類指標主要有如下三個：

①淨現值：投資項目投入使用後的淨現金流量，按資本成本或企業要求達到的報酬率折算為現值，減去初始投資以後的餘額，叫淨現值。在只有一個備選方案的採納與否決策中，淨現值為正者則採納，淨現值為負者則拒絕，在有多個備選方案的互斥選擇決策中，應選用淨現值為正值中的最大者。

②內部報酬率：內部報酬率又稱內含報酬率，是使投資項目的淨現值等於零的貼現率。內部報酬率實際上反映了投資專案的真實報酬。在只有一個備選方案的採納與否決策中，如果計算出的內部報酬率大於或等於企業的資本成本或必要報酬率就採納；反之，則拒絕。在有多個備選方案的互斥選擇決策中，應選用內部報酬率超過資本成本或必要報酬率最多的投資專案。

③獲利指數，又稱利潤指數，是投資專案未來報酬的總現值與

初始投資額的現值之比。在只有一個備選方案的採納與否決策中，獲利指數大於或等於 1，則採納，否則就拒絕。在有多個方案的互斥選擇決策中，應採用獲利指數超過 1 最多的投資專案。

結合本案例進行分析：公司若購置水罐車，每年的運行支出為：

$$2400＋800＋480＋1000×12＋1600＋1200＋2000＝20480（元）$$

按該車跑滿 30 萬公里計算，車的運行年限為 6 年，淨殘值為 5000 元，按銀行長期貸款年利率 8%作為資金時間價值標準，計算如下：

⑴計算車輛運行支出的總現值

$$＝80000＋20480×(P/A，8%，5)＋15480×(P/F，8%，6)$$
$$＝80000＋20480×3.9927＋15480×0.6302＝171525（元）$$

⑵車輛運行支出的平均年成本

$$＝171525/(P/A，8%，6)＝37103（元）$$

租賃分析：水罐車每季租金 15000 元，飲料公司每年只需租用 2 季，則每年租金支出為 30000 元。

⑴計算租金總現值

$$＝30000＋30000×(P/A，8%，5)＝149781（元）$$

⑵計算按後付年金序列組成的租金平均年成本為：

$$149781/(P/A，8%，6)＝32400（元）$$

兩種方案比較：從表面上看，購置方案優於租賃方案（不足三年的租金可購置一輛水罐車）；但通過以上分析可以發現，租賃方案的平均年成本為 32400 元，低於購置方案的平均年成本 37103 元，如選擇租賃方案，每年可相對節約 4703 元。

解決方案

評價投資方案的指標可以概括為貼現現金流量指標和非貼現

現金流量指標。非貼現現金流量指標不考慮資金時間價值,主要有投資回收期和平均報酬率;貼現現金流量指標考慮了資金的時間價值。這類指標主要有淨現值、內含報酬率和獲利指數。

結合案例進行分析,購置車輛運行支出的總現值為 171525元,平均年成本為 37103 元;承租水罐車租金總現值為 149781 元,租金的平均年成本為 32400 元,因此,應當選擇租賃方案,每年可相對節約 4703 元。

第四節　設備投資的資金核算方式

企業要花費大筆資金在設備投資上,必須注意下列要項:

一、檢討設備投資的五大要項

所謂損益兩平點就是指利益為零的營業額,也就是費用與營業收入相等;由於收支達到平衡狀態,故又稱為「平衡點」。

公司要想持續生存發展,就必須先確保利益,所以營業額一定要在損益兩平點以上。但是,一旦要想投資設備,首先增加的就是固定費用,那麼損益兩平點一定比原有的還高。因此,要投資設備,確保一定利益,就必須提高相當的營業額。所以在投資設備時,有五點注意事項:

⑴投資設備會導致固定費用增加多少?

⑵投資設備時「平衡點」會變為多少?

⑶投資設備可確保多少利益?

⑷在投資設備的同時，要提高多少的營業額？

⑸投資設備對運轉資金的增加有何影響？

其中最重要的是⑴⑷⑸項。因此，接下來我們就針對這三點加以說明。

1. 固定費用的增加

一旦投資了設備，就會產生利息、折舊費、保險費、固定資產稅、維修費等費用；待設備開始運轉之後，還需支付作業人員的薪資及增加運轉資金所需之利息，而這些費用大部屬於固定費用。一般而言，這些費用一年約佔投資金額的 20～30%左右。假設投資 1 億元的設備，一年約需增加 3000 萬元左右的固定費用。

2.營業額的提高

投資了設備之後，固定費用增加，損益兩平點也隨之上升，再加上要確保相當利益，因而更需提高目標營業額，所以就必須進一步檢討這些目標營業額的適當性。

接著，就舉個例子來看看損益兩平點的變化情形吧！假設設備的投資金額為 1 億元，因該項投資而產生的固定費用為 3000 萬元，變動費率為 50%，目標利益為 1000 萬元，於是可以得知：

⑴損益兩平點的上升額為 6000 萬元

固定費 3000÷[1－變動費率(30%)]＝6000 萬元

⑵為確保目標利益，營業額需增加 8000 萬元

[固定費 3000＋目標利益 1000]÷[1－變動費率(50%)]＝8000 萬元

這麼一來，平衡點隨著設備投資而提高，營業額也須較目前提高許多。總而言之，簡單的設備投資可能使公司毀於一旦。

3.運轉資金的增加

投資設備時，除了設備資金增加之外，當然連運轉資金的需求

也會增加。請參照表 5-3，假設投資 1 億元的設備，而計劃增加 8000
萬元的營業額，運轉資金就需增加 2000 萬，因此設備投資所需資
金分別為設備資金 1 億元及運轉資金 2000 萬元，共計 1.2 億元。

表 5-3　設備投資時需增加多少運用資金

設備投資額	1 億元
營業額增加目標額	8000 萬元
應收債權週轉期間	3 個月
存貨週轉期間	2 個月
應付債務週轉期間	2 個月

應收債權＝8000 萬元×（3/12）＝2000 萬元	①
存　　貨＝8000 萬元×（2/12）＝1333 萬元	②
應付債務＝8000 萬元×（2/12）＝1333 萬元	③

運轉資金增加額：①＋②－③＝2000 萬元

二、損益兩平點以外的設備投資效果測量法

評估設備投資的平衡性及經濟性，首先要從損益兩平點看起。
除此之外，還有四項指標可供參考：

1. 資金回收期間法

這是用來計算所投下的設備資金，在幾年後可因投資所得而回
收成現金流入的方法，也就是藉由資金回收的速度來測知投資的效
果。

假設：投入設備資金 1 億元可以獲得 3000 萬元的現金流入，
那麼設備資金的回收期間為 2～3 年。

資金回收期間＝投資÷現金流入（稅後折舊前利益）

2.投資報酬率法

這是用來計算該項投資能有多少獲利的方法。

但是，這種方法會因回收期間訂於幾年後，而有以下二種不同計算方式：

⑴由該段期間的平均利益與平均投資額來計算。

⑵考量該段期間的現值來訂定貼現率。

考量以上情況之後，再做正確計算，才是符合理論又可提高實用性的方法。

3.利益額比較法

拿數個投資對象相互做比較，將利益額較大者列為優先的投資對象。這種方法也可區分為單純比較利益額者，與考慮利息問題後比較實質現值者二種。

4.成本比較法

這種方法主要是用在新舊機器設備汰換的場合中。假設投資效果相同，則選擇費用低廉者較為有利。這種方法也可區分成以單純費用做比較，或是以費用現值加上資本回收係數後再做比較二種形式。

股票上市的分眾傳媒公司的「重資產模式」如何突破資金瓶頸？分眾傳媒的商業模式，從外在表像看來，並沒有什麼複雜性，也沒有什麼難度。很多人都拍大腿，這事多簡單啊，我也能做，不就是找個電梯外面裝上液晶屏嘛，怎麼沒讓我做啊，真可惜！

但其實分眾傳媒商業模式的資金瓶頸非常大，當時每個液晶屏大概需要 5000 元以上的成本，假設在全國各地掛上 2 萬塊螢幕，光液晶屏的成本就需要上億，還不算其他的運營費用，例如需要大量的資金用於人員費用，自身的品牌推廣，付給物業公司的租賃費

等，這些都需要龐大的資金。因此，分眾傳媒商業模式面臨著非常大的資金瓶頸，而且這一資金瓶頸是在商業模式尚未被驗證、客戶尚未大規模認可的前提之下，此時投入巨額資金無疑要求資金實力極為雄厚或者投資決心極大。

為什麼在液晶屏電梯廣告市場只出現了分眾、聚眾兩家主要的公司進行競爭，而沒有更多的公司進入人們的視野？即使有，規模也都非常小，原因就是液晶屏電梯廣告市場的進入門檻很高，這裏的門檻既不是技術門檻，也不是政策門檻，而是巨大的資金門檻。

事實上，確實有很多人想過做液晶屏電梯廣告市場，但都無果而終。框架傳媒就曾經進軍過液晶屏電梯廣告市場，但以失敗告終。框架傳媒是在電梯裏放平面海報的廣告公司，它看到分眾傳媒在電梯裏放液晶屏電梯廣告，就很眼饞，看見別人的液晶屏看著似乎是高科技，於是也開始在電梯裏掛液晶屏，結果發現掛著掛著，就快把自己掛死了，當框架傳媒掛到 1700 萬投入的時候，整個公司的現金流即將斷裂，立馬要崩盤。所以，框架傳媒不得不把自己的液晶屏業務以平價方式賣給了分眾傳媒。

因此，框架傳媒曾經兩次賣給分眾傳媒，第一次把液晶屏，看著像高科技的東西賣給了公眾傳媒，回籠了資金 1700 萬元人民幣，揀回一條命；第二次在譚智、漢能投資等入主以後，把平面海報業務全部賣給了分眾傳媒，換回的是 50 億真金白銀的回報。這個案例也可以從側面告訴我們，如果不能跨越資金瓶頸，企業的商業模式就會岌岌可危，當年的框架傳媒就是典型案例。如果當時分眾傳媒不接手框架傳媒的液晶屏業務，可能框架公司現金流當時已經斷裂了。

再回頭看分眾傳媒如何解決自身的巨大資金障礙。如果資金障

礙不能解除，分眾傳媒無法迅速擴張到今天的營業規模，更無法迅速取得樓宇廣告領域近乎壟斷的優勢地位。

分眾傳媒一方面通過向 VC 融資，獲得 VC 資金的大力支持。同時，通過 VC 的牽線搭橋和從中協助，與三星電子等國際性供應商洽談賬期付款，從而有效地化解了初期的資金壓力，才迅速擴張，初步形成商業模式的雛形。分眾傳媒在短短兩年裏先後獲得日本軟銀、鼎暉投資基金、美國高盛和歐洲 3i 等多家知名 VC 的數千萬美元三輪股權融資。

隨後，分眾傳媒迅速在美國納斯達克衝刺上市，通過上市獲得了巨額資金。分眾傳媒 2005 年 7 月 13 日在美國首次公開招股，以每股 17 美元的價格發行 1010 萬股，共融資 1.717 億美元，而這家公司在 2003 年 5 月才正式成立。分眾傳媒通過上市融資後再投入到持續的跑馬圈地之中，鞏固了領先地位，並有效地防範了後來者的進入。等後來者琢磨過勁來時，分眾傳媒已經建立起了全國性的電梯廣告聯播平台，控制了液晶屏電梯廣告市場。

所以，並不是說商業模式瓶頸之中有資金障礙就不能做了，關鍵是在設計商業模式時就要對資金瓶頸有充分的評估，並且在商業模式設計中就要明確突破資金瓶頸的方式方法，而一旦突破了這個障礙，企業就進了一大步。同時，一旦突破了瓶頸，就自然變成了後來者的高競爭門檻。

企業經營的最大挑戰不是盈利，而是現金流。面對極具挑戰性的資金瓶頸，中國企業家或者設計為「輕資產模式」，大幅降低對資金的需求與依賴，或者設計為有著「更長久的控制性與定價權」的良性「重資產模式」，並以此為基礎獲取風險投資和資本市場的大力資金支援。

🔊))) 第五節　以固定資金作為公司的發展基金

向自有資本或借入資本調度來的資金，通常都是運用於以增加公司更多資金為目的之各種投資上。舉例來說，調入的資金可用於投資辦公室及廠房等機器設備。只要是運用長期性的固定資金，資產負債表上就將之列為有形固定資產。

圖 5-1　固定(長期)資金的運用方法

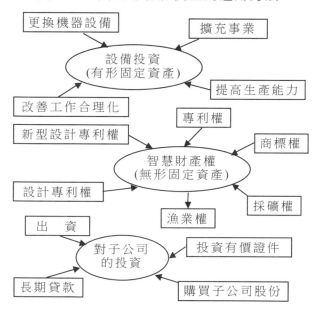

一家公司要想持續發展事業，就必須投資許多的設備。一般而言，設備的投資會長期關係著公司的事業結構，甚至限制公司的營運活動，因此資金來源必須是不需調度成本的自有資本，或短期間沒有還款麻煩的長期借款及公司債等固定負債。畢竟花上千萬、甚

至上億的投資，這種顧慮也不足為奇。

這類大額投資的目的也各不相同，主要有以下幾種：

1. 投資於更換機器設備

為更換老舊不堪的機器設備所需的投資。

2. 投資於擴充事業

為開發新產品、新技術、擴充銷售部門而新設分公司、營業所等，或者是事業多角化經營所需的投資。

3. 投資於提高生產能力

從事擴充生產能力及提高生產性能的投資，例如生產自動化、機器人化等。

4. 投資於改善工作合理化

這是指以工作合理化、省力化為目的之投資，例如利用電腦開發系統程序配合 FA（工廠自動化）及 OA（辦公室自動化）等。

此外，會用到的固定資金還有一些所謂的智慧財產權，如專利權、商標權之類的工業所有權及營業權、著作權等，這些權利在資產負債表上都列在無形固定資產之中。

另外，還有對於公司或關係企業的投資，例如有價證券就有用手邊現有的流動資金購買一時擁有的有價證券，這也算是一種短期週轉資金的運用。

有價證券，是指為加強與往來客戶間的關係而做的長期性投資。特別是對關係企業持股比例大，以及有帳務合併決算對象的公司而言，有價證券是一項很重要、金額也很龐大的投資。

◀))) 第六節　（案例）放眼國際的設備籌資策略

　　R‧J‧雷諾爾德斯工業公司(RJR)位於北卡羅來納州的溫斯頓-賽勒姆，是一家在經營煙草產品、食品和飲料的消費品公司。RJR 的煙草產品銷往全世界的 160 多個市場。其在美國流行的香煙品牌有駱駝、溫斯頓、賽勒姆和優勝者，它們都是 1984年在美國銷售最好的十大名牌香煙之一。食品和飲料業務通過德爾瑪特、休勃萊思和肯德基經營。德爾瑪特是世界上最大的水果和蔬菜罐頭生產廠，產品有加拿大幹飲料、夏威夷的混合甜飲料、桑吉斯特的軟飲料、莫頓的冷凍食品和東方風味食品。休勃萊思是美國最大的伏特加和預先混合的雞尾酒生產商，也是全國最大的白酒生產商之一。肯德基是美國最大的速食雞連鎖店，並在世界速食業中排名第二。

　　RJR 的戰略是集中發展高收益邊際的消費品行業，並在這些行業佔據主導或領先位置。1979 年對德爾瑪特的收購是其發展戰略的開始，緊接著的是於 1982 年對休勃萊思的收購。1983年，RJR 收購加拿大幹飲料和桑吉斯特公司，使其成為德爾瑪特子公司的一部份。1984 年，RJR 轉讓了世界上最大的集裝箱運輸公司——海陸公司，出售了美國第二大獨立的石油和天然氣開發公司——艾米諾爾公司，同時更突出了其集中於消費品的戰略。1985 年中期對納貝斯克的收購完全符合公司的長遠戰略計劃。RJR 1984 年在《幸福》雜誌前 500 名企業排名中列第23 位，它當年的銷售收入近 130 億美元，淨利潤為 12 億美元。

　　1984 年末，公司的總資產為 93 億美元。1984 年 11 月，RJR 以 7.38 億美元的總成本購回並沖銷了其 1000 萬股普通股。1985 年 5 月，公司將 1 股普通股分割為 2.5 股。1985 年 8 月，公司又以 2.48 億美元的總成本購回了其 790 萬股普通股。1985 年中期，其普通股的售價為每股約 27 美元。RJR 正準備在幾個主要的國外股票市場上市其股票。

　　儘管歐洲、加拿大、澳大利亞和亞洲部份地區是 RJR 的重要市場，但其主要的銷售和製造在美國。RJR 在國外的各個子公司通過其瑞士銀行子公司來防範非美元的營業現金流量的風險，而該銀行反過來又幫 RJR 迴避全球貨幣風險。從事大規模製造業的子公司，如在德國的子公司，通過在當地市場借款籌集部份資金。RJR 在日本的業務主要是肯德基連鎖店，它的固定資產很少，所獲日元多用於在日本擴充業務。

　　1985 年 8 月，R‧J‧雷諾爾德斯工業公司的財務董事厄爾‧霍爾，要求公司的各個銀行提出方案，以便為其近期用 49 億美元收購納貝斯克公司籌措部份資金。作為收購協議的一部份，RJR 將在幾週內，在美國國內市場發行 12 億美元 12 年期票據和 12 億美元優先股。它已為收購納貝斯克籌集了 15 億美元，尚剩 10 億美元需要籌集。

　　針對這一要求，紐約的摩根擔保信託公司與在倫敦的該公司組成一個融資小組，在過去幾週中分析了 RJR 可能在歐洲債券市場上進行的各種融資條件。一種比較有意思的考慮是 5 年期、歐元/美元雙貨幣歐洲債券。倫敦告訴紐約摩根公司，雷諾爾德斯公司可按面值 101.5％的價格發行 250 億歐元的不可贖回債務。每年用歐元支付 7.75％的利息、1.875％的手續費。但是，

最後需償付的本金將為 1.15956 億美元，而非面值 250 億歐元。RJR 可能願意發行 5 年期的債務，利率很有吸引力。然而，這一小組擔憂這種混合結構所帶來的匯率風險以及其是否適合 RJR。因此，該小組還需考慮防範雙貨幣債券風險的方法。

　　這一融資小組還認為，比較這種結構與倫敦提出的其他可能方案的成本很有意義，備選方案之一是 5 年期歐洲美元債券，備選方案之二是 5 年期歐元債券。該小組還認識到，評估歐洲美元債券時，應與包括將歐元債券轉化為美元債務的避險或互換成本在內的全部成本相比。

心得欄

第 *6* 章

簡易的資金週轉表

 第一節　資金週轉表至少一個月做一次

　　一般所說的「資金計劃」可分成週轉資金計劃及固定資金計劃二種，而這類資金計劃通常都是以 1 年或 6 個月為單位制作。但是，該在什麼時候製作那一段期間的資金計劃表，則必須視公司的資金狀態而定了。如果是才剛成立不久、經營狀況尚不穩定的公司，就有必要每天都加以關心。

　　但是，如果資金週轉平穩順利的公司，則以 6 個月為單位即可。

　　無論如何，要想讓資金計劃達到最佳效果，就至少要一個月做一次；也就是依照月別來訂定資金計劃，見表 6-1。

　　一般所說的月別資金週轉計劃表，系指運轉資金計劃表而言，因為每天所需的資金，才是真正所謂的運轉資金。

　　因此，月別的資金週轉表就是參考各種帳簿，預估一個月份的收支，以便擬訂計劃。寫計劃時，可參照資金週轉實績表，分別對

各實績項目加以預測。當然，資金週轉表的樣式因業種的不同，其
計劃訂定方式多少都會有些差異。

表 6-1　月別資金計劃表的製作程序

經常收支計劃	
1. 經常收入	⑴現金銷貨 ⑵應收賬款的現金回收 ⑶應收票據的兌現 ⑷票據貼現
2. 經常支出	⑴現金進貨 ⑵應付賬款的現金支付 ⑶應付票據的到期支付 ⑷人事費·各經費的支出
非經常收支計劃	
1. 財務支出	⑴借款的償還等 ⑵發行公司債
2. 固定資金	⑴設備投資 ⑵股份的取得
3. 決算資金	⑴稅金 ⑵紅利 ⑶董監事酬勞

第二節　資金週轉表的製作方法

一、資金週轉表的思考方式

資金週轉表是將某段期間內的營業活動相關資金,按照收入項目與支出項目區分,以表示該段期間收支狀況的計算表。若將公司的業務往來歸於現金主義而非發生主義,藉以掌握現金存款的收支情況及餘額的話,則思考方式與「家庭收支簿」完全相同。

$$餘額＝轉入額＋收入－支出$$

此公式是基本原則,然後將收入與支出區分出來,再按照主要科目別記入收入項目及支出項目中,這就是按照四分法做出的資金週轉表。

1.月初現金現額(前月轉入額)

從上個月轉入的現金及存款餘額。

2.該期間發生的收入項目

包括銷貨收入中的現金銷貨、應收帳款回收的現金、應收票據到期入帳、票據貼現入帳,以及與財務收支相關的借入款、有價證券售出所得等。

3.該期間發生的支出項目

實際有資金支付者。如現金進貨、應付帳款的支付、應付票據到期支付、經費支出、借款償還、稅金、紅利支出等。

圖 6-1　資金週轉的結構

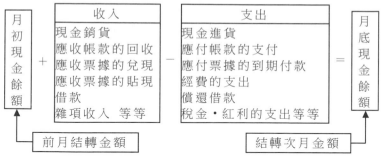

收入
現金銷貨
應收帳款的回收
應收票據的兌現
應收票據的貼現
借款
雜項收入　等等

支出
現金進貨
應付帳款的支付
應付票據的到期付款
經費的支出
償還借款
稅金‧紅利的支出等等

4.月底現金現額(次月結轉額)

轉入隔月的現金及存款餘額。

這種形式簡單明瞭，但由於無法辨識營業活動資金與財務活動資金的區別；因此，接下來再進一步採六分法制作資金週轉表。如表 6-1 所示，按照前月轉入、經常收入、經常支出、差額、財務收支、次月結轉等六項目區分。

這種資金週轉表的優點有二：

⑴可計算出經常收入與經常支出的差額並做對照；

⑵由於將財務收支欄位獨立，因此可掌握營業活動收支與財務收支的個別情形。

還有另外一種資金週轉表，其優點是有助於資金分析，同時為了能更加掌握詳細的資金動向，故不以收支項目歸類，而以資金發生的原因分類檢討，也就是按照因營業活動而發生的經常收支與因營業外活動所發生的非經常收支來區分，以期達到資金分析的目的。

表 6-1　資金週轉表

項目＼月別			月 （預算・實績）	月 （預算・實績）	月 （預算・實績）
前月結構（A）					
經常收入	銷貨貨款	現金銷貨			
		回收應收帳款			
		應收票據到期兌現			
		票據貼現			
	雜項收入				
經常收入合計（B）					
經常支出	進貨貨款	現金進貨			
		支付應付帳款			
		應付票據付款			
	薪　　資				
	營業經費				
經常支出合計（C）					
差額（A＋B－C）					
財產收支	償還借款				
	借　　款				
結構次月金額					

二、資金週轉表的樣式

　　最初的資金週轉表可分成資金週轉實績表（現金流量表）與資金週轉計劃表二種，也有依製作期間分為年度、半年、月份，甚至以旬、週為單位者。一般而言，應收帳款、應付帳款及薪資、各項經費之付款，通常都一個月一次，所以月別資金週轉表也是最普遍的。

　　一般在向銀行等處要求融資時，銀行都會要求提出資金週轉實績表《現金流量表》及資金週轉計劃表。此時，大都按照指定格式填寫即可。但做為資金管理所採用的資金週轉表格式則不拘，只要包含以下幾項重點即可。

　　1. 容易瞭解、易於掌握資金動向

　　2. 格式勿過於複雜、應簡單明瞭

　　3. 可輕易預測未來

　　4. 實績與計劃的對照

三、資金週轉實績表該如何評估

　　就讓我們來檢討一下 C 公司資金週轉實績表。

　　1. 資金收支狀況

　　本月份收支狀況：經常收入 78000、經常支出 95000，故資金支出方面不足 1700，經常支出比率為 82.1%，狀況不甚理想。

　　2. 資金不足的原因

　　該月份營業額 10 萬，回收率 87.0%，前月應收帳款餘額為

12000、該月應收帳款餘額為 25000,故該有應收帳款增加 13000。另外,資金化率為 78.0%,應收票據餘額較前月增加 9000;由此得知,資金不足的首要原因為應收債權增加。

接著來看支付狀況,該月進貨額為 79000、支付金額為 77000,資金化的部份為 76000,故進貨部份幾乎全額由現金支付,此為造成資金不足的第二原因。

3.資金不足部份的應對

經常收支不足的 17000 由借款來支持。

4.今後的對策

從資金週轉表中可以掌握當月份公司裏資金進出的總額,但是即使掌握了現金收支的情形及得知資金之不足,卻也無法分析出實際上資金究竟增加了多少?運用到什麼地方去?因此,在草擬今後的對策時,請連同依據資產負債表、損益表而作成的資金運用表及資金異動表也一併列入考慮。

🔊)) 第三節　資金計劃表的製作方式

資金週轉計劃是一種考慮資金籌措狀況如何,也就是基於「量入為出」原則來做安排的一種方式。舉例來說,若想多賺一些錢,就必須提高營業額,而要想提高營業額,就需購入更多的商品,應付帳款及存貨當然也相對增加──一言以蔽之,就是要增加週轉資金。如此一來,獎金、稅金、紅利等一年約一、二次的支出也會隨之增加。類似這種情形,資金的增減並非每個月都會發生。

這項支出可能集中在某一月份,一年只發生一次,金額也不固

定，所以自然就會產生這些增加的週轉資金該如何去籌措的問題。

因此，要想按照年度經營計劃來調節某段期間內的資金供需情況，每個月的資金週轉計劃表就成了相當重要的基本數據。

不僅是在資金方面，一般若要訂定計劃，就必須先檢討實績，所以在製作資金週轉計劃表時，就必須有各類帳簿的配合。

1.現金出納帳

用以確認現金出入的總額並掌握現金餘額。

2.支票存款收納帳

用以掌握所有支存往來銀行的支票進出總額及存款餘額，必要時還必須核對存款餘額是否與帳簿上的金額相符。

3.其他存款帳

依銀行別掌握活期存款、定期存款等各類存款的餘額。

4.應收票據記錄帳

與總分類帳不同，將應收票據的明細兌現金額，以及經由票據貼現額度、兌現金額的管理，掌握所有票據的來龍去脈。

5.應付票據記錄帳

按照支票開立的順序與應收票據同樣做詳細記錄。如果往來銀行家數很多，則需注意銀行名稱，絕不可弄錯，最好能將支票影印留底備查為佳。

6.客戶總帳及回收實績表

客戶別總帳是以記錄各客戶應收帳款餘額為目的而製作的帳簿。這本帳簿有助於對各家客戶的債權管理，但對資金週轉則較無幫助。因此，若於事前先行做好資金週轉實績表所需之「回收實績表」，則可減少不少時間。而這份表格則是將月別的回收狀況，以總額計算而來的。其內容如下：

(1)前月債權

記錄前月應收債權的餘額。

(2)回收

本月之內可以回收的金額，需劃分為現金、票據、轉帳等現金回收部份與票據回收部份。

(3)資金化

本月之內可以資金化的金額，必須按照現金等回收部份及票據兌現部份分別登載記錄。

(4)本月債權

記錄本月底的應收債權餘額。

7.廠商別總帳及付款預定表

廠商別總帳系以記錄奮進貨廠商應付帳款餘額為目的而製作的帳簿。因此，如客戶別總帳一般，廠商別總帳是按各進貨廠商名稱記帳的，所以無法掌握整體的狀況。另外，各類帳簿通常都是在月底結帳，而資金週轉所需的付款金額，則必須以請款單上的截止日為合計基準，故最好能先行製作「付款預定表」較為方便，見表6-2。

表 6-2　付款預定表

進貨廠商	前月轉入之應付賬款	本月發生金額	付款內容						本月應付賬款餘額
			現金	轉賬	支票	與應付賬款等抵銷部份	票據		
							到期日	金額	

8.經費明細表

系用以掌握與經費相關之付款金額的帳簿。但經費中尚包含未實際支出的非資金費用等費用，故需特別留意。

除了上述之外，如預收款、暫收款、暫付款等未記入其他帳簿之收支明細，則以總分類帳管理。另外有關借款的借據、約定書、薪資、酬勞明細表等，亦需加以管理。

總而言之，在考慮資金計劃時，最保險的預估方式就是收入盡可能少估一點；反之，支出則盡可能多估一些。

做預估計劃時，當然會有期待能多賺一些的心態，但是，就算是些微的收入不足或支出過多，都可能導致資金不足的問題發生，所以在訂定收支計劃時，最好能以「收入最少、支出最多」為基本原則。

))) 第四節　（案例）抽水泵機械公司的籌資

力大機械公司創立於 1972 年，主要生產抽水泵。柯克先生和斯柯特先生是力大機械公司的創建者，從公司創立日起，他們與同行競爭，直到公司卓然立於行業之林為止。

避開公司的薄弱環節，力大機械公司採取強有力的行銷策略，在國內國外市場佔取了一方天地。產品的革新、巧妙的籌資策略使力大機械公司成為抽水泵產業中的一枝獨秀。

在 1984 年初，力大機械公司的董事長詹姆斯・柯克先生已經審查完了本公司過去的財務報告和 1987 年的預期財務活動計劃。1987 年末，該公司將有 600 萬美元的應付票據到期，但

公司的項目計劃表明，1985 年以後，公司的外部籌資需求將減少。1984 年，公司需籌集 620 萬美元的外部資金，有兩種籌資管道可供選擇：一是向幾家保險公司發行總金額為 800 萬美元的優先債券，另一個是向社會公眾發行相同金額的普通股股票。下星期，公司將安排一次董事局會議，討論公司可能會出現的項目赤字情況以及這兩種籌資方案的可行性。柯克先生明白，採用增發債券這種籌資方式肯定會引發爭論，因為公司目前的財務杠杆係數已經較高。所以他決定先與聯邦州立銀行的力大機械公司的賬目負責人羅伯特·麥考爾先生討論一下這兩種籌資方式的有關情況。

1.市場分析

力大機械公司是一家抽水泵製造商，抽水泵製造業空間狹小，競爭十分激烈。力大機械公司的四家最大的競爭者實力雄厚，它們的銷售額佔了抽水泵市場佔有率的 67%，同時它們在其他的工業設備市場上也很活躍。這些大公司壟斷抽水泵行業已經很多年，已經形成了真正意義上的規模經濟，通過縱向兼併，它們達到了實現多種經營的目的。雖然這些大公司在產品製造成本上具有很大優勢，但是由於害怕被政府指責為實行掠奪性價格政策，所以它們一般不採取降價戰術來進行競爭。在產業內部，若想保持競爭性的地位，主要通過下列途徑：努力推出性能穩定、價格合理的產品；盡可能提高生產效率；提供良好的售後服務等。

1983 年，抽水泵的銷售市場規模預計可達到 15 億美元，比上年增加了 8%。抽水泵的主要需求者是採礦業和建築業，以這些產業的預計收益作為基礎所做的銷售預測表明：1984 年

的市場銷售可能提高 10%。基於相同基礎做出的預測表明：抽水泵產業今年所取得的產業發展率可以保持到 1988 年。

　　產業內部專業人士猜測，政府將在不久的將來，頒佈新的噪音降低標準。現有技術力量可以滿足這一新標準的有關規定，但新標準的頒佈對相關成本、收益的影響程度尚不能判定。

2.銷售歷程

　　注意到公司在服務組織方面的力量薄弱，柯克先生和斯科特先實行一種改進的市場行銷政策。這項政策特別強調要為公司產品的用戶提供送貨服務和技術幫助，並推行了這一政策，將公司產品打入地區市場、全國市場以至國際市場，公司在各地建立了很多銷售辦事處。另外，還有許多獨立的銷售商幫助推銷公司的產品，彌補公司在其他方面的不足。這些銷售商已經形成了一個巨大的網路。由於這些因素及公司可觀的生產能力，自 1979 年以來，公司的銷售額一直保持了 37% 的增長率。現在，公司產品的市場佔有率已經達到 5%。

　　據估計，力大機械公司的銷售增長率要高於同行業平均水準。預計：1984～1988 年，公司的銷售額可以保持 17% 的年增長率。市場佔有率的擴大，是由於力大機械公司佔領了某些小公司的銷售地盤，這些小公司一般無力提供良好的服務，生產能力也不強；同時，國際市場銷售的增加也是公司銷售擴大的原因之一。力大機械公司積極投身國際市場，它們的產品在世界上很受歡迎。歐洲分部的銷售額在 1983 年已達到公司銷售總額的 35%，而在 1981 年只有 10%。在 1982 年，公司在日本和韓國取得了境外銷售權，銷售經其他公司專利授權的產品。同時，力大機械公司做了大量實質性工作去開拓非洲市場。

在產業內部，實業公司的抽水泵也很受歡迎，公司的科研力量和技術專長十分有名。同時，公司推出了設備租賃這一服務項目。這項舉措成功地加深了商業客戶和潛在的顧客對公司及其產品的瞭解。雖然租賃收入微不足道，但租賃服務直接導致了很多設備購買交易的發生。

公司成功的另一因素在於產品革新。由於採取這一舉措，力大機械公司的產品具有無與倫比的品質規格和經濟性。例如在 1978 年，力大機械公司通過許可證交易取得了一種新型壓力技術的使用權，這種技術可以縮短停工期，降低維修成本。由於新技術的採用，公司產品性能更加可靠；由於尺寸的縮小、重量的減輕，使新一代抽水泵的組裝成本更低。最近，力大機械公司的研究開發部又向市場推出了一種新型的凝結劑，這種凝結劑的使用壽命更長，操作使用也更加簡易、方便。

雖然新型壓力技術的有益性及專利許可的可獲得性眾所週知，但產業內的主要生產者仍把精力放在早先的產品類型上。在他們看來，更新產品設計所需的不菲的投資會限制自己在其他盈利性更強的領域內發展。

抽水泵的產品生產技術主要是零件的組裝過程。購進的這些零件佔產品生產成本的 80%。力大機械公司所需的大部份零件都能直接從供應商那裏購進。公司自己生產那些市場無法保證正常供給的部件，包括由公司研究開發部所設計的實用新型部件。公司下屬的 250 個生產工廠都設有自己的組織，公司的生產工人可以享受到很多津貼，包括實行彈性工作時間、可以參加利潤分配、免費享用公司提供的副食品和液化氣、免費午餐，以及使用公司各種現代化的娛樂健身設施等。由於最近公

司對生產人員進行了小範圍的人員調整，同時兩次組織工會的嘗試都未取得成功，所以員工們對現有的工作環境表示滿意。

公司的管理人員對產業狀況很熟悉，因為他們以前的職業大都與抽水泵行業關係密切，大家平均在力大機械公司已經工作了 6 年。市場銷售部和產業工程部集中了管理層的大部份力量。力大機械公司的管理層人員共擁有公司流通股總數的 25％，而且根據公司的股票股利計劃，他們每年還可分到 8000 股公司普通股。

3.財務狀況透析

柯克先生考察了力大機械公司過去 4 年的表現，並發現了一些對利潤不利的發展趨勢。銷售總額中，產品銷售成本的比例由 1981 年的 60％上升到 1983 年的 62％。這是因為公司擴大了國際市場銷售佔有率，而國際銷售的毛利率比較低。然而，公司直接銷售的產品採用較高的價格，對這種較低的毛利率進行了部份補償。由於建立了更多的銷售業務辦事處，銷售及管理費用增加得太快，與銷售額的增長不能保持適當比例。為了滿足銷售快速增長所引起的資金需求，力大機械公司不得不增加借款。這樣，每 1 元銷售額中利息費用所佔的比例就增大了。淨收入的下降是這種趨勢的直接結果，銷售淨利率從 1979 年的 6.3％下降到 1983 年的 3.6％。

同時，柯克先生和斯柯特先生認為力大機械公司流動資產的管理也不是很有效。最近，應收賬款的增長也比銷售額的增長快。在 1980 年，一種內部生產能力被介紹應用到公司，這時公司的存貨週轉期可以保持到 180 天，但現在公司已無法實現這一確定目標了。即使力大機械公司的流動比率接近於產業平

均水準，但是 1983 年該公司應付賬款的週轉期已延長為 122 天（購貨成本佔全部產品銷售成本的 80%）。信貸服務部報告說：有 75%的供應商不能及時得到付款，商業信用提供者對公司不能及時承付也已經感到不耐煩（典型的商業信用條件時間為 60 天）。

自 1979 年以來，力大機械公司的財務槓杆係數增高得很快。公司的 1430 萬美元的長期負債的組成如下：銀行提供的 700 萬美元的應付票據、對保險公司的 600 萬美元的優先債券，以及銀行提供的 130 萬美元的設備貸款。考慮到銀行所需的 20%的現金補償餘額，銀行定期貸款的利率定為 8.5%，而保險公司的債券利率為 11.25%，設備購買貸款的利率為 10%。關於可選擇性負債的最主要合約規定：公司的綜合營運資金必須保持在 1000 萬美元以上，公司的負債權益比率不低於 2.1，流動資產至少為流動負債的 175%。

4.資金管道

力大機械公司對保險公司發行的 800 萬美元的優先債券於 1999 年到期，1988 年開始償還，利率大約為 9.25%。新發行的優先債券限制力大機械公司發放現金股利，另外規定，公司購買國庫券的金額不得超過 1981 年 12 月 31 日以後的淨收入合計及股票出售所獲的 300 萬美元的收入之和。同時協議限制提高高級管理人員的報酬。如果力大機械公司處理這些與債務相關的事宜，需支付法律及其他手續費共 25000 美元。

公司投資銀行專業人士建議可以按照每股 15 美元的價格發行 27.5 萬股～58 萬股普通股股票。扣除證券承銷商的傭金，每股公司可得 13.75 美元，與此相關的發行費用為 50000 美元。

公司股票的持有相對集中，有 52% 的股票掌握在 49 個人手中，其中很多是力大機械公司領導階層的成員。公司最後一次向社會公眾發行普通股是在 1979 年。

麥考爾先生自 1980 年以來就負責力大機械公司的賬目，所以對公司的狀況十分瞭解。從公司運行之初，聯邦州立銀行就作為貸款牽頭行。公司對銀行的負債中本期到期的有 360 萬美元的貸款和 400 萬美元的長期應付票據。雖然力大機械公司偶爾會要求增加貸款額度或辦理貸款展期，但雙方的合作關係彼此都還是感到比較滿意的。

為了做他與董事長的會面準備，麥考爾先生全面審查了力大機械公司 1984～1987 年的財務報告。他提出：據預測，銷售額將以 17% 的年增長率保持增長；外部籌資需求在 1985 年會漲到 860 萬美元，而 1987 年會降到 550 萬美元。同時，預測表明，在 1984～1987 年，現有的長期貸款金額會減至 380 萬美元。

至於逐漸降低的獲利能力，麥考爾先生主要考慮利用公司內部資金積累來為快速增長的銷售提供資金，這樣就可以減少借貸。預期的存貨餘額並不現實，應付賬款項目計劃表明公司對不滿的商業信用提供者並未採用有實質意義的措施。在會議上，麥考爾先生提出了自己對公司預報精確性的疑問。柯克先生承認：在他準備的文件中確實使用了一些應質疑的假設，他現在正著手準備一份新的預測報告。

然後，大家將問題的討論焦點轉到可選擇的籌資管道上。在介紹債券籌資方式時，麥考爾先生指出力大機械公司的收益足以償付現有的及預期將增加的負債；但他同時還指出，較高的利息支出將導致公司盈利能力的下降。現在，力大機械公司

普通股的市盈率為 9，而在 1980 年，公司的市盈率曾達到 17。

　　參考爾先生提出，相對較低的市盈率可能會對投資者產生影響。他們會仔細考慮財務杠杆程度的穩定提高和與之相關的每股收益所受的風險。投資者們認識到，在銷售高速增長的時期，力大機械公司已無法保持他的利潤水準，並且他們懷疑預定的較慢的增長率能否逐步提高。參考爾先生認為，如果這種趨勢持續下去的話，力大機械公司就應謹慎地考慮發行股票，從而降低資本結構中負債的比重這一籌資方式。這種行為過程可以降低與收益相關的風險，並有可能在將來使市盈率增高，公司的舉債能力得以保留，從而可以提高公司將來的財務彈性。另外，據預測，1984～1985 年期間利率有可能下降。

　　相反，如果發行債券就會耗盡公司的舉債能力，而且會給公司現有的及潛在的持股人帶來額外的風險，結果，公司的市盈率就會下降。參考爾先生認為：選擇發行債券的籌資方式可以提高每股收益，但是要比低風險的籌資方式對權益市場帶來的不利影響嚴重。柯克先生並不完全贊成銀行對股價的評估，但是他確實也注意到產業內部財務杠杆係數較低的其他幾家公司都有比較高的市盈率。柯克先生將根據自己修訂後的公司財務計劃和相關分析向董事會介紹有關情況。

　　目標必須根據利益和需要來確定，他們不能基於一種權宜之計，或迎合經濟浪潮。換句話說，管理企業不能依靠「直覺」。

　　當然，作為財務運營的重點之一的籌資也不能靠「直覺」，具體的分析是決策的基礎。因此，提出多種籌資方案，進行權衡對比，進而採納最佳方案，這對於企業來說是十分有必要的。

第 **7** 章
中小企業的資金管理與運用

📢 第一節　企業的資金管理

一、何謂資金管理

　　資金管理，簡單地說，就是如何維持適當的資金量。

　　在企業經營的過程中，一定會有資金的收入與支出，資金的收入是由銷貨而來，而資金的支出，則是為了應付一些必要的費用開支，諸如進貨等。

　　資金不時地流進流出，但在企業內，為了經營活動的持續進行，勢必要保持適當的資金量。什麼才是適當的資金量？這確實是一項大問題。它所牽涉到的，不僅是資金的流入與流出要保持平衡，週轉要靈活，同時也要顧及資金運用的成效如何。

　　平常我們談到的財務管理，範圍較廣。普通所謂的財務管理，大致要遵循三項原則。其一，是流動性的要求，二是安全性的要求，

三是經濟性的要求,所謂的經濟性要求,是指籌措資金時,要考慮資金的成本,也就是利息負擔的多寡問題。

而資金管理,主要的重點則放在流動性上。考慮資金的流動性如何,也就牽涉到資金的運用與籌措。因此,事實上,資金管理也與安全性、經濟性原則直接有關聯。

二、資金週轉發生困難的原因

一般企業的經營為什麼會發生週轉困難?所謂資金週轉困難,就是資金流入不足以應付資金的流出。簡言之,也就是入不敷出。這種現象,主要是由於經營虧損所致。

經營虧損若僅存在於短期間,企業還可以向金融機構借款,或利用企業間的商業信用借款,以獲得暫時性的資金融通。但經營虧損若為長期性的,則不論是向銀行借貸,或向同業調資,都只有使利息負擔愈滾愈重,這時企業恐怕就面臨危機了。

資金週轉發生困難的第二原因,是資金來源與運用期間的不配合。

譬如籌措得來的資金原本是要作為短期性用途,但企業卻拿來作為建廠房、擴充設備等長期性投資用。短期資金作長期投資使用,等企業需要大筆資金,或是短期借貸期限一到,企業根本就拿不出這一筆錢,如此當然就發生週轉困難。

國內企業界普遍存在著一種現象,就是景氣好,容易向銀行借到錢,或是通貨膨脹持續期間,常大肆舉債購置不動產。因為在這些時候,不動產的增值率遠比利率要高出很多。

然而,就兩次石油危機所帶來的經濟風暴來看,經濟景氣的變

動是愈來愈明顯了。尤其以第二次的石油危機比諸第一次石油危機，很顯然的，不景氣的時間是愈來愈長，不景氣的程度也愈來愈嚴重了。在這些情況下，企業若不經過詳密的計劃就購置大量不動產，日後恐怕就會因為脫手不易，而使資金凍結，導致嚴重的週轉不靈。

資金週轉發生困難的第三個原因，是流動資產的固定化。

流動資產包括應收票據、應收帳款及存貨在內。

應收款項的時間拉得愈長，金額愈大，企業需要準備的週轉資金也就愈多，應收款項的時間與金額到底可以放寬到何種程度，這就牽涉到營業管理與銷售管理。

至於存貨則關聯到存貨管理。這些企業內部管理工作若作不好，很容易就會使流動資產陷入固定比。

而資金來源發生變化，譬如經常性生意往來的公司突然倒閉，使債權要不回來，或票據無法兌現，此類的資金突生變化，也是引起週轉困難的另一項因素。

此外，資金運用、籌措績效不佳，也會導致資金週轉困難。

三、資金週轉困難的解決

要解決資金週轉困難，首先必須瞭解造成困難的原因，然後對症下藥。

如果是經營虧損，經常依賴借款渡過難關絕非善策，最重要的，是要改善經營狀況。

若是資金來源與運用在期間上不能配合，或是流動性資產流於固定化、存貨囤積太多、商業授信條件太寬……，那麼，就需要改

變對策。

　　要瞭解資金週轉困難到底源自那一個階段，可以編制財務狀況變動表，把資金的來源與運用逐項列出加以分析。如此，由資金消長變化的情形，大致就可以看出某項經營活動是否適當，資金壓力來自何處。

　　財務狀況變動表，可以一年、半年編制一次。但以資金週轉來看，最好逐月或逐週編制資金流量。

　　此外，改善資金運用的績效與對資金籌措方式加以適當的選擇，對改善資金週轉困難，也是非常重要的因素。

　　最後要強調的是，資金管理會影響到企業經營的績效。有些公司可能產品品質非常優良，但卻因為資金管理不善，最後還是走向倒閉之途，可見資金管理對中小企業委實關係重大。資金管理並沒有什麼妙方，主要是對公司本身的資金情況深入瞭解，然後再根據事實，對資金的運用與籌措採取適當的方去，如此而已。

四、檢討資金運用情況

1.從固定資產的土地、建物和撥器設備來看

　　在通貨膨脹時期，中小企業常因過度投資不動產，結果造成資金凍結。雖然就長期的經營觀點而言，企業要升級升段，投資機器設備是必要的，但企業在進行投資設備以前，事先一定要有週詳的投資計劃，把投資報酬率，資金回收的年限、以及資金週轉的情形妥善地分析過，以免將來產生週轉困難。

2.檢查存貨

　　在正常的生產狀況下，存貨一定要維持適當的數量。存貨量若

過少，當銷貨量劇增時，可能會因庫存無貨而平白喪失了很多賺錢的機會，而存貨若過多，則會增加資金的負擔，影響資金週轉。所以，維持適當的存貨量是很重要的，這就要靠良好的存貨管理來控制。

中小企業對存貨的管理，應該分別就原料、在製品與製成品設立會計紀錄，然後定期將會計紀錄與實際盤點出來的存貨量作一對照，以瞭解存貨管理是不是確實。帳上的存貨數量若不確實，根本就無法掌握真正的存貨量有多少。

除了作紀錄外，存貨量還要依種類、銷售情況、季節變化，作彈性的規劃。

3.再看應收帳款方面

主要則是側重在銷貨以後的債務管理。應收款項乃由於銷貨對顧客提供商業信用而來。商業信用條件的寬、緊，直接影響到銷售業績。條款放寬固然會增加營業額，但就資金管理而言，卻使風險大增。

因此，企業對客戶的授信，到底要保持何種程度才算適當，這就要運用應收帳款分析表。按客戶別，或以期間為基準，對每一銷售活動所產生的應收款項，分別計劃每月回收的金額。如此，即可對資金的流入作一系統的分析計劃，若發現某位客戶，或某一期間的授信量超過預訂數額，即可立刻加以注意。

與企業正規經營活動無關的資金流出，像中小企業常見的股東借款，也常對資金管理造成莫大的困擾。企業對此類資金的流出，亦應嚴格加以限制。

第二節　企業資金跑去那裏

　　有一個錢觀念，譬如，我們拿出一百元，一不小心把它丟在地上去，我們一定會蹲下去撿。這麼可愛的錢，怎麼不撿？假定這兩百元是公司的，當它掉在地上時，大家絕不會掉頭就走。可是事實上，我們每天不知把公司的多少錢丟到垃圾裏面去。

　　譬如我們從本期損益來看是不賺錢，你有沒有去研究不賺錢的原因？這並不是一句經濟不景氣便可以解決，其他原因也很多。譬如說用錢用得很浪費。還有生產材料的報廢，生產報廢就是把做了一半的東西丟掉。我們天天報廢，天天把錢丟進垃圾桶裏面去，想起來你會不會痛心。

　　所謂三呆就是呆料、呆人、呆時。呆人就是庸人充斥，就是能力不足、尸位素餐，或是冗員充斥。所謂呆時，就是職員沒有按照計劃準時做好，時間拖延就是損失金錢，根本就是等於把錢丟到垃圾桶裏面去。呆人呆時的結果，公司本來用人用 10 人就夠了，但卻用了 15 人，那 5 人的薪水就等於把那金錢丟到垃圾裏面去一樣。所謂呆料，就是買了一大堆沒有用的材料，或是做了一大堆沒有用的成品，在帳面上價值很高，其實不值幾個錢。呆貨的損失，也像把錢扔到垃圾桶一樣，一大堆垃圾堆在倉庫裏，自己騙自己說我有這麼多的財產或資產。

　　像王永慶那麼有錢，掉了一百塊在地上都會撿起來。各位能不能與王永慶相比呢？可是各位在公司裏面，卻天天丟掉數百元、幾千元甚至幾萬元。所以我們要好好研究如何賺錢、如何避免放款、

呆料、存貨的損失的方法。又如所買的固定資產如房屋、機器設備，是真正發揮它的效能呢？沒有充分發揮也等於把錢丟到垃圾桶一樣。所以講到資金的管理，可能最後還要牽涉到公司的經營。

　　第一點，公司資金的管理，第一個就是要建立基本的管理制度。也就是對現金銀行存款、應收帳款、應收票據、存貨等等，都要建立適當的管理制度。唯有建立適當的管理制度，才能明白所有情況。也就是應收帳款如何，票據如何、存貨如何，每一個情況才能瞭若指掌。例如銀行存款餘額正確，才不致於因記錄錯誤，沒有把錢存進去而致退票。另外我們也提到對帳款或票據有沒有被裏面的人挪用掉了。這裏面比較複雜是存貨管理，例如要項管制法的所謂 A、B、C 分析法及所謂 MRP 的物料需求規劃，還有各種的採購管理，也都是一些專門學問。

　　第二點，對於資金規劃重於張羅。資金要規劃到永遠足夠，不夠的現象不要讓它發生。當然不夠的現象有時是會發生，但你須及早預防。資金足夠你每天就可以輕鬆自如。不然的話，你本來早上已經去慢跑，但中午天氣炎熱時，而卻發生錢不夠，快要跳票，你也只好滿身大汗再度大跑特跑，跑得是三點半。反過來說，如果錢有剩餘，如何加以運用，賺取最多的利息，也要預先加以計劃，以免該賺的利息沒有賺到。

　　第三點就是資金的用途儘量想辦法把它減少，採取各種措施儘量減少。還有資金的來源想辦法儘量多開闢，以便有需要加以運用。

圖 7-1　資金循環過程圖

資金循環週流的過程

商業與貿易業資金週流的程序

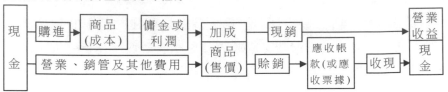

製造業資金週流的程序

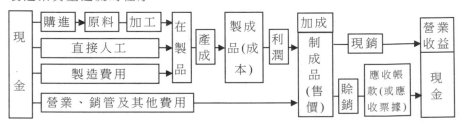

服務業資金週流的程序

礦業資金週流的程序

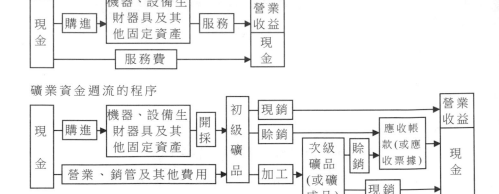

　　要管理住和掌握住企業裏面的資金，首先要瞭解錢的內容。所謂鈔票就是錢，銀行存款也是錢，很多企業經營者認為錢就是這

些，事實上我們從財務觀點來看，錢就像孫悟空一樣七十二變，一層一層變下來。孫悟空七十二變，變來變去錢到那裏去，這個可從資產負債表來看。

資產負債表借方是屬於資產，貸方是屬於負債及淨值。資產的內容，一個是流動資產。流動資產包含什麼？

1. 現金

現金包括庫存現金和銀行存款，銀行存款必須質時可以變現，才可以稱為現金。那麼也許你要問，定期存款算不算現金？定期存款也可以算現金。如果臨時要用，可以隨時解約。

庫存現金大概可分成兩種，一種譬如說門市收入，暫時收進來還沒有存進銀行的那種現金。另外還有一種是屬於零用基金。在財務管理上有一個很重要的原則就是：「所有的現金要存在銀行，所有的支付也要經過銀行。」但是為了要應付日常零星的開支，譬如，幾十塊、幾百塊我們就設立一種制度，叫做零用金制度。由公司撥出幾萬元，作為零用基金，由一個人來保管。每次要用小錢，就由零用基金來支付。當然支付前要有零用金申請單，必須先經適當的核准。支付以後，到一段時間，當錢快要用完時，把這些單據收集起來，把它加以整理，然後再申請支票撥補進去，結果零用金仍然回覆到原來的額度。

銀行存款，最主要的就是支票存款。支票本來是見票即付，但由於我們把它當作信用工具使用，因此這就牽涉到你收進來的遠期支票如何管理，還有你開出去的支票如何管理的問題。此外還有你每天的賬戶還有多少餘額，如何來管理，以及如何與銀行來對帳。因為到期並不一定今天就進到銀行賬戶裏去，可能要再一天或幾天才能交換進來，所以要對帳。尤其在月底結帳時，公司的現金帳更

是非與銀行對帳不可。

2.應收帳款

孫悟空七十二變,現金就是孫悟空本身,孫悟空再變就會變出很多東西出來,其中之一是應收帳款。我們用錢買原料,然後投入人工和各項費用,生產出來把它賣出去,還沒收回來,這個就是應收帳款。我們常講賣東西是徒弟,而錢可以收得回來才是師父。應收帳款掛在帳上,幾十萬或者幾百萬很好看,可是問題是這些帳款到後來是否收得回來,這個就是很大的問題。這就牽涉到呆帳問題,還有你派收貨員或改帳員去收帳,會不會被挪用的問題。

3.應收票據

另外的一個問題,不是你的人搞鬼,而是你的客戶。有的是真正發生困難,有的是欺詐性,例如人頭支票問題。你所收到票據是否可靠?應收票據或應收帳款,還有一個問題就是信用調查。大家都知道,所謂客戶的信用,就是我們賣東西給客戶,賒帳的信用額度是多少。又如客戶給你客票,後面也不背書,對不對啊!到時候支票退票收不到錢,怎麼辦?這也是一種問題。

4.存貨

錢除了變成應收帳款及應收票據之外,有很多錢又變成了存貨。我們說「三呆」,裏面就有一個呆料。講到存貨,以工廠來講,包括原料,製成品及在製品。如果以商店來講,就是買進來的商品。存貨堆了一堆,就是金錢的積壓。此外又如存貨是兩百萬,是否價值兩百萬,這也是一個很大的問題。因此一個公司對於研究降低存貨,是一種很大的課題。

5.固定資產

固定資產,也就是土地、機械設備、房屋設備。普通一個公司

的問題，是出在擴充設備。很多公司由於擴充設備，而發生黑字倒閉。譬如某工廠營運到現在一直都賺錢，要做設備更新，因為對資金沒有做好全盤規劃，到時候缺錢被退票而發生倒閉。支票因為是信用工具，假如其中有被退票，那麼信用就全部破產了。因此在擴充設備前不但要好好規劃資金的來源，還要選定最佳的擴充時機。

　　總而言之，從資產這一面來看，就是資金的去路，也就是你錢用到那裏去。我們錢用到那裏去？就是擺在銀行裏，或者呆滯在應收帳款上，呆滯在應收票據，呆滯在存貨上，呆滯在固定資產上。有的人在財務管理上，說這邊是資金的運用。資金的去路或運用如何管理呢？原則上就是「減少資金的去路」。現金不要減少，越多越好。但是應收帳款儘量減少、應收票據儘量減少，存貨儘量減少，固定資產儘量少，這樣資金就回來了。要知道資產的增減變動情況，可以看比較資產負債表。比較的結果一看。哇，不得了，應收帳款越來越多！是不是收帳不努力收？或者是有些帳收不回來？應收票據越來越多，是不是客戶票開的日期越來越長？還有存貨越來越多，怎麼回事？錢是有限的資源，把它調配到固定資產多少、存貨多少、應收帳款多少、應收票據多少，這就是企業要研究的重要問題。

第三節　分析你的資金運用狀況

　　依據資產負債表而作成的資金運用表，可用來一一檢討某特定期間內資金的增減原因。除此之外，資金運用表還可用來進一步分析該特定期間內所舉辦的經營活動及其效果如何，以及今後經營活動的方向、對策等內容。

　　只要將資金的運用及調度情形分成數個區段，即可掌握每個區段間資金流動的情形。接著，就讓我們把資金運用表區分為流動資產、固定資產、流動負債、固定負債、資本等五個區段來掌握詳細的資金流向。

　　以表 7-1（H 公司的資金運用表）為例，所做出的資金運用圖即為圖 7-2 所示。

　　修正的工作到此結束，而資金運用表也呼之欲出了。在資金試算表的最右邊有一欄資金運用表，在這欄裏填入「差額」與「修正內容」的合計即告完成。

　　若要對公司資金內容做徹底的分析，就必須同時參考資金運用表、資產負債表以及資金運用圖才行。在這裏，就以 H 公司為例，歸納出公司資金的分析重點。

表 7-1　資金運用表

1. 週轉資金運用表			
⑴營業活動所需運轉資金			
①利益及非資金費用			
利益		700	
稅金	150		
紅利	100		
董監事酬勞	<u>50</u>	<u>300</u>	400
折舊費		<u>200</u>	<u>600</u>
②增加運轉資金			
應付票據增加	1000		
應付帳款增加	<u>200</u>	<u>1200</u>	
應收票據增加	300		
應收帳款增加	500		
商品增加	<u>1300</u>	<u>2100</u>	▲900
⑵營業活動以外所需運轉資金			
短期借款增加			<u>2200</u>
週轉資金增加			1900
2. 設備資金運用表			
償還長期借款		500	
購置建築物		<u>1200</u>	<u>1700</u>
現金存款的增加			200

圖 7-2　將資金運用表分成五個區段進行資金分析

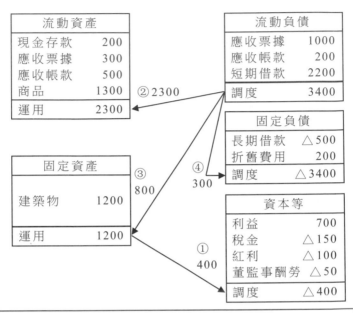

①資金的流向：
　保留盈餘 400→運用於購買建築物
②運轉資金的平衡：
　不足之運轉資金 2300＝應付債務 1200＋短期借款 1100
③固定資產投資的調度方法：
　固定資產的增加 1200＝保留盈餘 400＋短期借款 800
④資產運用的綜合判斷
　自流動負債調度 3400→流動資產運用 2300，固定負債還
　款 300，固定資產運用 1200

1.設備投資是否有不當之處

　　在進行設備投資的分析時，要留意固定比率、固定長期適合率
及內部融資比率。在這裏要談的是內部融資比率，內部融資比率是
用來評估該期間所做的設備投資，有多少是靠自有資本來供應的？
如果內部融資比率在 50%以下，就表示設備投資額中有一半以上是

依賴借入資本。因此，該項設備投資應視為不妥。

內部融資比率＝（保留盈餘＋折舊費用）÷固定資產投資額×100%

表 7-2 B/S 與資金運用表的徹底分析 1

表 a 資產負債表

資產	前期	本期	負債資本	前期	本期
流動資產	15500	17800	流動負債	15050	18550
現金存款	2000	2200	應付票據	4300	5300
應收票據	6500	6800	應付帳款	5400	5600
應收帳款	4700	5200	借　　款	5200	7400
存　　款	2300	3600	未付稅金	150	250
固定資產	14000	15000	固定負債	3500	3000
建 築 物	14000	15000	長期借款	3500	3000
			負債合計	18550	21550
			資本	10950	11250
			資 本 金	10000	10000
			公 積 金	600	800
			本期利益	350	450
資本合計	29500	32800	負債·資本合計	29500	32800

備註：營業額　　前期 46000，本期 50000

1. 手邊現有資金

　本期現金存款 2200÷（本期營業額 50000/12）＝0.5 個月

2-1 現金流入

　保留盈餘 400＋非資金費用 200＝600

2-2 淨值運轉資金的增加

　應付債務 1200－（應收債權增加 800＋存貨增加 1300）＝▲900

2-3 借款增加

　短期借款 2200＋長期借款▲500＝1700

2-4 設備資金的不足

　設備投資 1200＋長期借款還款 500＝1700

3. 存貨

前期 2300　　本期 3600　←商品增加 1300，存貨太多

4. 支付能力

⑴流動比率（流動資產÷流動負債）：

　前期：15500÷15050×100%＝103.0%

　本期：17800÷18550×100%＝96.0%

⑵速動比率（速動資產÷流動負債）：

　前期：（2000＋6500＋4700）÷15050×100%＝87.7%

　本期：（2200＋6800＋5200）÷18550×100%＝76.5%

表 b　資金運用表

1. 週轉資金運用表

⑴營業活動所需運轉資金

①利益及非資金費用

利益		700		
稅金	150			
紅利	100			
董監事酬勞	50	300	400	
折舊費			200	600

②增加運轉資金

應付票據增加	1000		
應付帳款增加	200	1200	
應收票據增加	300		
應收帳款增加	500		
商品增加	1300	2100	▲900

⑵營業活動以外所需運轉資金

短期借款增加	2200
週轉資金增加	1900

2. 設備資金運用表

償還長期借款	500	
購置建築物	1200	1700
現金存款的增加		200

表 7-3　B/S 與資金運用表的徹底分析 2

表 a　B/S					
資產	前期	本期	負債資本	前期	本期
流動資產	15500	17800	流動負債	15050	18550
現金存款	2000	2200	應付票據	4300	5300
應收票據	6500	6800	應付帳款	5400	5600
應收帳款	4700	5200	借　　款	5200	7400
存　　款	2300	3600	未付稅金	150	250
固定資產	14000	15000	固定負債	3500	3000
建　築　物	14000	15000	長期借款	3500	3000
			負債合計	18550	21550
			資本	10950	11250
			資　本　金	10000	10000
			公　積　金	600	800
			本期利益	350	450
資本合計	29500	32800	負債‧資本合計	29500	32800

備註：營業額　　　前期 46000，本期 50000

1. 借款用途

　　　　　　　　運用　　　　　　　　調度

(1)設備投資　15000　自有資本 11250　向借入資本調度 3750

(2)運轉資金　17800　應付債務 10900　未付稅金 250　自借款調度 6650

(3)借款依存度(借款額÷營業額月平均)：(7400＋3000)÷(50000/12)=2.5 個月

　2. 借款的償還能力

　　　　　　　　　　運用　　　　　　　　調度

　設備投資資金流程　　建　築　物 1200　　現金流入 600

　　　　　　　　　　償還長期借款 500　　短期借款 1200

3-1 應收債權

‧回收期間：前期(89 日)　　　本期(88 日)

‧不良債權：客戶區分

3-2 存貨

· 存貨停留日數：前期(18日)　本期(26日)

· 滯留存貨：依商品別區分

4. 設備投資分析

⑴內部融資比率 600÷1200＝50%

⑵固定比率 15000÷11250＝168.7%

⑶固定長期適合率 15000÷(11250＋3000)＝150.3%

表 b　資金運用表

1. 週轉資金運用表

⑴營業活動所需運轉資金

①利益及非資金費用

利益		700	
稅金	150		
紅利	100		
董監事酬勞	50	300	400
折舊費		200	600

②增加運轉資金

應付票據增加		1000	
應付帳款增加		200	1200
應收票據增加		300	
應收帳款增加		500	
商品增加		1300	2100　▲900

⑵營業活動以外所需運轉資金

短期借款增加	2200
週轉資金增加	1900

2. 設備資金運用表

償還長期借款		500
購置建築物	1200	1700
現金存款的增加		200

2. 不良債權及滯銷存貨是否增加

從資金運用表及資產負債表中掌握不到呆帳損失及不良存貨的狀況，所以當回收期間及存貨滯銷日數延長時，就需依客戶別、商品別查核債權管理情形及存貨內容。

3. 借款的償還能力如何

借款可區分為二：彌補運轉資金不足部份所需的短期借款，及設備投資所需的長期借款。設備投資的償還來源為保留盈餘及折舊費用。如果保留盈餘在償還長期借款之後還有剩餘的話，亦可用來當作運轉資金的還款來源。以 H 公司的情形來看，現金流入 600，長期借款的償還與建築物的獲得共需 1700，不足的 2100 則由原本應做為運轉資金所需的短期借款來調度。

4. 借款是否過多

短期借款是為了填補運轉資金之不足，長期借款則為設備投資的調度來源。以 H 公司為例，設備投資 15000，其中調自自有資本的部份為 2250，由借入資本調度而來的是 3750。另外，運轉資金的運用為 17800，其中應付債務及未繳納營利事業所得稅可提供的資金為 2150，差額 6650 就由借款調度。但是，設備投資所需的借入資本為 3750，而長期借款為 3000；運轉資金需由借款調度的部份為 6650，而短期借款卻為 7400。故借款的均衡已遭破壞。就資金維持均衡狀態的立場而言，的確需將短期借款及長期借款明確劃分。但在現實方面，由於經濟現況、金融情勢、金融機構等都具有相關性，所以很難完全做到這種劃分。但至少還是可以由借款依存度來掌握這種狀況，一般而言，借款依存度超過 3 個月就必須注意了。

5.手頭上可運用的資金有多少

包括現金、存款及具市場行情的有價證券，但並不含借款及做為擔保的票據貼現所得之現金存款。另外，有價證券的時價若低於當初購買的價格時，則有必要重新評估。雖因業種及公司規模等之不同而有所差異，但平均而言，手邊持有的資金最好相當於一個月份的營業額才是最理想的。Ｈ公司的手頭資金只有半個月份的營業額，所以還稱不上是寬裕。

6.資金的運用狀況

某段期間內調度而來的資金該如何運用？藉此信息掌握整體資金流向。現以Ｈ公司為例：

⑴現金流入為 600，其中保留盈餘為 400，非資金費用為 200。

⑵期末的淨值運轉資金為 4700，前期的淨值運轉資金為3800。因此，運轉資金增加額為 900，內容包括由應付債務調度而來的 1200，及由於應付債權及存貨而增加的 2100。

⑶作為營業活動以外運轉資金所需因而增加的短期借款2200。

⑷設備投資 2100，再加上長期借款的還款 500，故設備資金不足 1700，不足部份以運轉資金支持。

由以上情形得知，Ｈ公司由於運轉資金增加、設備資金平衡失調，因而招至短期借款增加的結果。

7.運轉資金的均衡狀態

藉由資金運用表中運轉資金的增加內容，掌握運轉資金的均衡。就Ｈ公司而言，實際運轉資金之所以增加 900 的主要原因，在於商品存貨增加了 1300 所致。

8.是否還有支付能力

掌握支付能力的指標為流動比率及速動比率。H公司的流動比率，前期為103.0%，本期為96.0%；前期的速動比率為87.7%，本期則為76.5%，故H公司的支付能力已沒有餘力可言。

第四節　H公司的資金運用狀況

公司的資金必須從流動及現有二方面來探討。現有資金可從比較兩年份的資產負債表，掌握該段期間公司資金的調度與運用情況，提供這些信息的表格就是「資金運用表」。在此以H公司為例，說明資金運用表的製作方式。

首先，要先製作「資金細算表」。在這張表上先填寫兩年份的資產負債內容，並畫出可供填寫增減的欄位。然後將資產增加的部份寫在差額欄左邊，減少的部份寫在差額欄右邊；再將負債、資本增加的部份寫在差額欄右邊，減少的部份寫在差額欄左邊。這些都和簿記試算表的製作方式相同，所以差額欄的左右合計應該一致。然後，在資金運用表字段的左邊填入本期的資金運用增加額；右邊填入資金調度的增加額。到目前為止的動作都很簡單，接下來的修正內容就比較困難了，這就是與運轉資金無關的非資金交易修正欄，其修正項目如下：

圖 7-3 資金運用表的製作方式

科目	資產負債表		差額		修正記入		資金運用表	
	前期	本期	借方	貸方	借方	貸方	運用	調度
現金存款	2000	2200	200				200	
應收票據	6500	6800	300				300	
應收帳款	4700	5200	500				500	
商品	2300	3600	1300				1300	
建築物	14000	15000	1000			④200	1200	
資產合計	29500	32800						
應付票據	4300	5300		1000				1000
應付帳款	5400	5600		200				200
借款	5200	7400		2200				2200
未付稅金	150	250		100	①250	②150		
長期借款	3500	3000	500				500	
資本金	10000	10000						
公積金	600	800		200	③200			
本期利益	350	450		100		①250		
負債·資本合計	29500	32800				③350		700
營所稅					②150		150	
紅利分配					③100		100	
董監事酬勞					③50		50	
折舊費用						④200		200
合計			3800	3800	950	950	4300	4300

修正內容
① 本期利益的修正
　未付稅金 250　　本期利益 250
② 前期未付稅金等的修正
　稅金支出 150　　未付稅金 150
③ 前期利益的修正
　公積金 200　本期利益 350　紅利支出 100　董監事酬勞支出 50
④ 固定資產的修正
　建築物 200　折舊費用 200

見表 7-1

1.本期利益的修正

本期末繳納的營利事業所得稅系於下期才需支付,故可再記回稅前的本期利益中。

2.前期未繳納的營利事業所得稅等的修正

前期繳納的營利事所得稅150於本期內支付,故借方的稅金支出應修正為150。

3.前期利益的修正

前期所發生的當期利益在本期內做分配時,必須將分配完畢的差額部份沖銷。公積金200、紅利分配100、董監事酬勞50,合計350需填入當期利益的貸方裏。

4.固定資產的修正

固定資產折舊費用的計算方式若採用直接法時,則修正為折舊前的固定資產,也就是將折舊費用200記回建築物之中。

5.準備金的修正

H公司是沒有這種情形,但備抵呆帳及退休金準備等準備金的提列系屬非資金費用,為現金流入的一部份,故必須加以修正。

心得欄

第五節　企業如何應對「現金荒」

1. 說服銀行增加貸款額度

當企業遇到現金週轉不順暢的時候，首先應想辦法從銀行貸款。如果企業的發展前景很好，原先的合作銀行一般還是願意給企業增加貸款幫助企業渡過難關的。因為如果銀行不增加貸款，一旦企業真的破產，按照破產程序銀行原先貸給企業的款項通常不能全額收回。而如果銀行給企業注資幫助企業渡過難關的話，企業不但可以歸還以前的貸款，而且該銀行還多了一個忠實的客戶，有利於其以後開展其他業務。但是企業能否在危難之時獲得銀行的幫助，還要取決於企業的發展前景、平時的信譽、當時的經濟狀況以及央行的貨幣政策等，其中有一些原因是企業不可控的。

2. 穩住債權人

如果企業無法獲得銀行貸款，那麼就應該盡力穩住購銷債權人並且爭取獲得進一步的賒銷。其實與企業長期合作的購銷債權人和銀行一樣，也不希望企業破產，因為一旦進行破產程序自己的債權很可能無法完全收回，並且在以後的經營中也失去了一個合作夥伴。所以，如果企業平時信譽較好的話，其業務夥伴通常也願意以賒銷或者其他的方式幫助企業渡過難關。

3. 與債務人協商

在企業爭取債權人幫助的同時，還應注意與債務人的協商。企業遇到「現金荒」時，通常並不是負債累累，很多時候還是很「富有」的，可能還擁有很多債權，很多企業破產的原因往往不是高額

的負債,而是被這些無法及時收回的債權拖垮的。所以,當企業陷入資金困難的時候,可以考慮與自己的債務人協商。但是債務人通常不會像企業的債權人那樣害怕企業破產,所以,債務人不會太考慮債權企業的利益。因此,企業要想促使債務人還款,就要給予適當的優惠措施。例如給一些折扣或者供貨上的優惠等,必要的時候還要運用法律手段去維護自己的利益。

4.審視戰略方向

目前有些企業遇到的資金緊張,並不是由於市場和銷售出了問題,也不是因為應收賬款的問題,而是在企業的發展過程中不考慮自身的實力盲目進行擴張,也就是說患了所謂的「大企業病」。曾經顯赫一時的巨人集團就是「大企業病」的犧牲品。所以,當企業在遇到資金週轉的困難時,一定要考慮一下自己的主營方向和以後的目標發展方向。如果企業存在和整體發展方向不十分吻合的項目,一定要堅決撤出,絕不能因為已經進行了前期的投資,就不甘心將一些前景並不很好的項目撤出。雖然撤出這些項目是會有一些損失,但是這種損失總比最後使企業整體陷入困境要好得多。

5.利用售後租回

售後租回是先把企業的一部份資產出售,然後再和買方協商以租賃的形式租回來繼續使用,這樣企業其實是以放棄資產所有權來獲得資金,以付出租金再換回資產的使用權。售後租回雖然使企業暫時失去了資產的所有權,但是可以迅速補充現金流量,還可以通過租賃的方法租回並繼續使用這部份資產,所以對企業的生產經營不會造成太大的風險。等到企業渡過難關以後可以再把這部份資產買回來。售後租回其實相當於以部份資產作為抵押進行融資,租賃費就相當於是融資成本,等到企業資金充裕的時候再把資產買回來

等於是還了人家的本錢，把自己的抵押物「贖」回。售後租回在迅速補充企業現金方面還是可以起到立竿見影的作用的。

6.出售短期證券

企業可以通過出售所持有的短期證券解決「現金荒」問題。由於短期證券的變現能力非常強，所以能迅速地補充企業的現金流，不過這要看企業平時儲存短期證券的數量，如果企業持有的短期證券數量不是很多，那麼這種方法就很難達到幫企業渡過難關的效果。

7.出售應收賬款

當企業的短期證券等資產不能解決問題時，企業還可以考慮出售企業的一些應收賬款。當然企業出售應收賬款肯定會有所損失，但是如果可以立即變現的話，也不失為一種好方法。因為現實的資產比賬面資產價值更大，更何況企業又急需現金呢？

8.採取民間融資

當企業要上某個項目，而又實在籌不來資金的時候，可以考慮向民間融資。特別是對於一些中小企業來說，向銀行貸款的難度可能很大，所以可以考慮運用此方法。但是，民間融資的成本一般要高於銀行的貸款利率水準，因此企業在向民間融資時一定要考慮自己在成本方面的承受能力。

9.企業內部人員的溝通

企業的員工和老闆心情是一樣的，都希望企業向好的方向發展，因為關係到員工自身的利益。當企業遇到現金困難時，往往可以通過與內部人員的溝通，以犧牲內部人員的利益來幫助企業渡過難關。例如，企業可以和員工協商，暫時減少薪資、降低獎金或者其他福利待遇，必要的時候可以讓員工集資，這些往往會在企業最

困難的時候起到立竿見影的作用。

　　如果企業和員工解釋清楚，通常員工是會理解的。但是如果企業不和員工溝通，可能會引起企業內部的恐慌，這就會加深企業的危機。另外，當企業度過危機以後要給予員工一定的補償。因為一方面企業要對自己的員工負責，另一方面當企業以後遇到類似情況時，容易得到員工的理解。

　　企業做大了，為什麼卻沒有錢？難道不是銷售規模越大，利潤越多，錢也越多嗎？錯！企業越大，越需要重視現金流管理！

　　2001 年，曾名列全球財富 500 強第 16 位、全美 500 強第 7 位的美國安然公司(Enron)突然宣告破產。安然公司 2000 年的總收入高達 1000 億美元。過去 10 年來，它一直是美國乃至世界最大的能源交易商，掌控著美國 20%的電能、天然氣交易。安然墜落是從「巨額收入、利潤」開始的。實際上，僅僅從會計數字一個方面已不能正常的反映企業的實際狀況。經分析得知，在安然破產前 6 年，該公司的現金淨流量就已出現負數。

🔊))) 第六節　　（案例）如何解決財務問題

　　1978 年，溫妮・博蒙特在紐約市以 1.5 萬美元成立了博蒙特賀卡公司。很快，她收購了康涅狄格州破產的平版印刷出版公司並將經營設備搬到了新工廠。1978 年，重新命名的友善賀卡公司以每股 3 美元的價格上市了。

　　此後數年，友善賀卡公司通過內部積累和外部收購獲得了較快的發展。位於密歇根的格立特賀卡公司主要是向超市提供

賀卡，通過一項以現金和股票進行的交易後成為友善賀卡公司的全資子公司。1986年，友善賀卡公司又以現金收購了紐約的愛德華公司。愛德華是一個出售青少年情人賀卡的小公司，它有一個包括連鎖店、藥店、折扣店以及批發商、超市在內的分銷系統。隨著一個加利福尼亞公司被友善賀卡公司用現金和股票收購，另一個市場也被打開了。該加利福尼亞公司被重新命名為友善藝術家公司，並提供了西海岸分銷系統以及一項向零售商直接銷售盒裝的人物化聖誕卡的獨特業務。

1. 與眾不同的經營方式

與大多數小公司不同，友善賀卡公司生產一整套的賀卡，其1988年的賀卡就擁有1200種設計。公司銷售額中約20%是在耶誕節期間，25%在情人節期間，其餘部份則由日常賀卡和春天節日卡片的銷售構成，總銷售額的25%是盒裝卡片，它既沒有特定「名稱」(如：兄弟生日)也沒有分類。這種盒裝卡片的銷售有助於降低成本，因為生產商無須去管理，批發商也無須對每一連鎖店的單種卡片做記錄，返還費用也很低，因為這種產品一旦賣給了店裏就不可能再返還。此外，行業中的大公司對盒裝卡片的銷售並不熱衷，他們更多地關注單種卡片的銷售。

友善賀卡公司的產品設計都不是那種極流行的。它主要在40歲以上的消費者中銷售，博蒙特夫人將她的大部份市場定位在價格敏感上。她發現購買她的產品的大多數顧客都不願花費時間和金錢來選擇適用於特定情況的完美卡片，而寧願選擇那些便宜點、方便些的盒裝卡片放在家中備用。

公司所有卡片和包裝紙的設計、印刷和包裝都在康涅狄格

州的 250 人的工廠完成。工廠的生產達到了其生產能力，但在需要時大部份印刷工作將由外部的印刷工人完成。

2.令人稱道的分銷方式

友善賀卡公司的銷售費用並不是很大。公司的 25 個銷售人員(其中 1/3 全職工作)要麼直接向集中購買者如卡瑪公司、沃馬特和布來立等大型超市出售產品，要麼向批發商進行銷售。但是這一系統也正是友善賀卡公司銷售毛利低的主要因素，因為它導致生產商與最終消費者之間有兩重仲介。博蒙特夫人估計其卡片在零售環節的銷售額是公司收益表所顯示數據的 3 倍。

博蒙特夫人進一步估計說，生產信封所需的工人的年費用是 9.1 萬美元，這些及其他費用在下表中都有列示。根據這些數據，參考威爾女士計算後得出結論：如果不考慮營運資本和融資需求情況，該項目在 3 年期間每年都會產生正的現金流量。

表 7-4　預計生產設備投產 8 年中年節約的資金表

節約資金：1987 年購買信封的費用	1500
生產信封的增量費用	
原　　料	902
倉　　儲	94
勞　　力	91
折　　舊	62
總費用	1149
增加的稅前利潤	351
增加的所得稅	133
增加稅後利潤	218

倉庫是必需的。因為一旦設備購入了，公司將以高於春夏季節運貨數的穩定速度進行生產，以便到年底高峰時有足夠的存貨來滿足需要。博蒙特夫人估計一旦開工，公司的營運資本平均淨需求額將增加 20 萬美元，並且在設備的生命週期內將一直維持這一水準。

3. 與眾不同的收購形式

博蒙特夫人已經調查了一個可能被自己收購的同行：創造性設計公司(簡稱 CD)。它是中西部的一家小型的卡片生產商，屬於私人擁有，1987 年的銷售額約 500 萬美元。博蒙特夫人花了 4 個多月的時間來瞭解 CD 公司生產經營的細節。她確信在自己的管理下，CD 公司能馬上減少 5% 的銷貨成本，在目前銷售水準下也就是 15.4 萬美元。她也希望通過消滅盜版從而減少 10% 的其他費用(約 15.5 萬美元)。

博蒙特夫人預計：如果友善賀卡公司在 1988 年初收購，CD 公司其銷售額在這一年中會保持不變，但 1988 年後其銷售額將以每年 6% 的速度增長。最使博蒙特夫人對收購感興趣的是 CD 公司的資產負債表所顯示的實力，她覺得 CD 公司的供應商將願意提供比過去更多的商業信用，並且她知道該公司尚未使用過銀行信貸額度。在她同 CD 公司目前的 3 位所有者(他們都已到了退休年紀)的會談中，博蒙特夫人瞭解到可以以 CD 公司 1987 年收益的 11 倍的價格收購該公司。其所有者願意收取友善賀卡公司的普通股，每股 9.5 美元，共計 19.3 萬股。經過諮詢公共會計師，博蒙特夫人知道這種證券交易是免稅的。這一收購在會計上被處理成一種「合併經營」，因此最後公司的資產負債表僅是 2 個公司報表的匯總。

博蒙特夫人詢問參考威爾女士是否可以以此條件來收購CD 公司，參考威爾女士認為還應該再考慮一下收購對友善賀卡公司收益狀況的影響和它對該公司財務狀況的影響。

4.發行新股的可能性及必要性

為了保持未來幾年中預期的快速增長，看著公司緊張的財務狀況，博蒙特夫人意識到可能該去募集更多的權益資本。麥考威爾女士知道博蒙特夫人最不願意接受將使其預計銷售增長降低的政策性建議。博蒙特夫人相信如果從現有顧客或新顧客處來的訂單的潛在增長無法實現，那麼以後幾年中要保持這些顧客是很困難、甚至是不可能的。她還擔心對接受新訂單的限制會使公司的銷售人員士氣低落，說不定會導致幾個最有價值的銷售代表轉投入競爭對手的公司。麥考威爾女士同時為這樣一個現實而煩惱，那就是：對任何公司而言，募集新的權益資本都是一件困難的事情，尤其是像友善賀卡公司這樣一個小公司。

友善賀卡公司的股票是在場外交易市場上進行交易的，交易量不大，平均每週約 3000 股。由於股票這麼小的交易量，很難通過股票價格數據計算出公司股票的 B 值。

5.財務問題及其對策：來自投資者的建議

據博蒙特夫人講，友善賀卡公司從沒有不存在財務問題的時候。這是一個資本密集型的行業，博蒙特夫人也因此將其部份成功歸功於公司與銀行和其他資本提供者之間良好的關係。附近銀行提供的信用額度達到 625 萬美元。公司在基準利率之外再付 2.5％的利率，當前基準利率為 8.5％。由於銷售的季節性特點，博蒙特夫人預計公司對銀行和商業信用的需求高峰

(1987 年底超過 900 萬美元)發生在 12 月和 1 月。她還說公司在
每一銷售季節後的低借貸點發生在 4 月，這時銀行和商業信貸
減至高峰期的 50%。

　　儘管公司與銀行的關係良好，博蒙特夫人還是不得不盡力
尋找額外的權益資本。友善賀卡公司的貸款銀行對於該公司依
賴借款進行經營的程度感到不安。1988 年初，他們說他們在
1986 年預期銷售擴大後銷售增長會大幅降低，在此預期基礎上
銀行才願意貸款給公司度過 1986 年的銷售擴展時期。

　　這樣，通過收益積累的權益帳戶的增長很快將降低公司的
負債/權益比率至 1985 年的水準，而 1986 年曾達到 5.2：1，大
大高於 1985 年的水準。友善賀卡公司的貸款銀行因此就堅持要
公司在銷售旺季到來前採取一些措施以確保公司能滿足銀行對
未來貸款所加的兩條限制。這兩條將於 1988 年底實施的限制
是：

　　⑴任一時點上公司尚未清償的銀行貸款不能超過應收賬款
的 85%。

　　⑵公司負債總額不能超過公司權益的帳面價值的 3 倍。

　　為此博蒙特夫人決定將公司的生息負債/權益比率保持在
最高 2：1 的水準，這樣就可以保留更多的安全邊際。

　　信封成本是總成本中最大的構成部份之一。友善賀卡公司
至今還是全部購入所需信封。1987 年中，公司總共花了 150 萬
美元來購買全年所需的 1 億個信封。博蒙特夫人估計如果花 50
萬美元購入設備，當其完全開工使用時能生產出 1987 年全年所
需的信封，她預計在購入信封生產設備的 2 個月中，股票價格
維持在每股 9.5 美元。在 1986～1987 年間，股票價格的範圍是

最低每股 9.5 美元到最高每股 15 美元。博蒙特夫人持有當前流通在外股份的 55%，另有 20% 被公司的管理人員和僱員持有，約 25% 的部份被公眾購買了。麥考威爾女士知道，博蒙特夫人收到過一份建議，那是一群對公司有長期興趣的西海岸投資者提出的。他們表示願以每股 8 美元的價格購買 20 萬股友善賀卡公司的股票。如果成交，友善賀卡公司將付給中間人 8 萬美元或 1 萬股作為報酬。

在考慮這一報價問題時，麥考威爾女士詢問了她的一個朋友，賽繆爾‧哈克特(某投資銀行波士頓辦事處的合夥人)── 以瞭解友善賀卡公司股票向公眾發行的可行性。哈克特先生對此態度並不樂觀，他評價說：「現在是募集權益資本的困難時期，尤其對像友善賀卡公司這樣的小公司而言。10 月股市的下跌是一個殺手，道‧瓊斯工業股票指數已從 1987 年 9 月的 2596 點下降到目前的不足 2000 點，而且人們也無法預知明天將會發生什麼。對小公司來說，目前要籌錢很困難。我不得不這麼說，但我的確不知道如何能使該公司股票以高於每股 8 美元的價格進入市場。坦率地講，我甚至不確定以低於 8 美元的價格我們又能賣出多少股。」

這一談話使麥考威爾女士的初始想法更加堅定了，那就是：籌集新的權益資本的唯一現實方案是接受西海岸投資者的建議。

企業進行創新要根據企業自身的具體情況來定。友善賀卡針對自身的銷售情況、資產狀況及市場情況和同行業內其他公司的發展情況進行創新，從而使企業走上騰飛之路。

第 **8** 章

企業的融資診斷

 第一節　銀行向企業發放貸款的五原則

　　「知己知彼，百戰百勝」，銀行放款作業有所謂「授信五原則」之說，即評估授信案件的五項參考依據：借款戶因素（People）、資金用途（Purpose）、還款來源（Payment）、債權確保（Protection）與借戶展望（Perspective）——因其英文字均以 P 開頭，亦可稱為「五 P 原則」。中小企業申請貸款時，若能妥為分析準備，儘量配合此五 P 原則，而在與銀行各級辦理放款人員晤商、洽談時，剖析解說以獲得其好感和信任，則融資的獲取，必能事半功倍、無往不利了。因此，五 P 原則不僅是銀行的「授信五原則」，也可作為中小企業的「貸款五原則」。

　　中小企業如何善用此五項原則？依企業性質而各有差異，茲將一般宜注意事項，概述於後：

1. 借款戶因素 (People)

企業經營者在洽商貸款時，應把握下列要點進行：

⑴表達經營者的學識幹勁、經營能力與責任感、自信心。

⑵確實瞭解企業自身的歷史沿革、組織形態和業務性質，以備詢問。

⑶略述與同業間的交易情形，藉以表達其在業界的地位。

⑷強調其與銀行往來關系的密切，拉攏感情。

2. 資金用途 (Purpose)

中小企業往往由於不易提出完整的財務報表，固對申貸資金宜有合情合理合法的用途解釋，以說明貸款資金不會流於濫用。尤其是中長期性的資產設備貸款，需於事前擬定用途計劃，按本身還款能力以分期攤還的方式申貸。通常所謂臨時性、季節性的週轉金貸款，乃是依企業經營的旺季與淡季所需差額為準：倘若財務報表年度營業額僅二百萬元，而希望申貸三百萬元週轉資金，實屬不當，自應注意避免。此外，資金用於償還既有債務或以借款代替增資，殊屬不佳，千萬不要據以申貸。

3. 還款來源 (Payment)

中小企業的還款來源與資金用途有關，是銀行放款主辦人員一定要明瞭的。一般的還款來源約有下列三項：

⑴因交易行為確實取得的應收客票(遠期支票)，兌現後可如期償貸。

⑵作為營運週轉流通所需，而進一步取得之銷售債權，如出口之信用狀等，可望收現後償貸。

⑶仰賴未來的盈餘、折舊與增資。

其中以前二項系屬自償性貸款，最具說服力，可多加運用；倘

若此類貸款為經常性需要，可用預先核定額度的方式循環運用，以縮短銀行授信作業時間，提早獲撥貸款，不妨好好利用。

4.債權確保(Protection)

債權的保障可分為：

⑴內部保障

①企業更好的財務結構。

②擔保品。

⑵外部保障

第三者的保證——個人、銀行或信用保證機構對銀行承擔借款戶的信用責任。

一般中小企業的財務結構不佳，擔保品不足，因此積極利用外部保障，是必然的手段。倘若無法覓得股實的私人保證，不妨主動要求銀行代為申請中小企業信用保證基金的保證，以解決困難。

5.借戶展望(Perspective)

在中小企業裏有許多屬於創業的廠商，他們的營品可能是專利新產品，或具有新的服務性構想，遠景美好；申貸時，可特別強調說明，以鼓舞銀行輔助投資的勇氣。

如何鋪設一個合理便利的融資環境，以紓解中小企業的經營困難，政府財經當局及國內各行庫固然不能免責，但是企業本身需知「自求多福」的道理，既有的先天缺陷應力謀改善，融資難題則已解決大半。

🔊 第二節　融資的重要觀念

　　很多人聽到「借錢」兩個字就嚇壞了，有錢的人怕人借錢；沒錢的人又怕開口向人借錢。其實，借錢不一定是缺錢的必要手段，缺錢的人有時只要通融通融一下就夠了，所以說「借錢」倒不如說「融通」來得洽當些。再有錢的人也需要融通的時候，一個企業也不例外，不懂得融資的技巧，任它有多大的能力與效率，也難逃資金週轉不靈的厄運。

　　二次大戰以前的企業管理屬於「生產導向」時代，也就是說那時企業經營只要注重生產管理，產品就不怕沒有人買，廠商只要拼命地做，東西就可以很順利地賣出去，產品生產愈多，企業也就賺得愈多。

　　二次大戰以後，人類生活品質提高，對產品的要求也愈嚴格，單調的東西已不能滿足一般消費者的需要，有些東西甚至需要廠商去刺激需要，慢慢地進入「市場導向」時代，消費者的需求與滿足成為企業經營的首要目標。然而近年來，石油短缺、通貨膨脹，人類漸感世界資源有限，尤其在這般不景氣時期，財務困境成為一般企業的普遍現象，「財務管理」漸漸受到企業界的重視，相信在未來這段時期，國內企業界將會更加注意其財務資料的有效運用，事實證明：「財務導向」時代已經來臨了。

　　談到財務管理，馬上就讓人聯想到如何取得資金及如何運用資金，有效地運用資金也許可以節用資金的使用，但是資金的取得畢竟是財務管理最基本的課題，祇要能充分地取得融資，其他的事情

都可迎刃而解。融資對一個中小企業尤其重要，因為國內的融資環境並不很理想，想順利取得融資非下一番苦心不可，在瞭解融資方式及辦法以前，首應建立一套融資應有的觀念。這些觀念包括那些呢？

1. 不能不借錢

老一輩的企業都認為借錢是一件很不光彩的事情，寧願保守經營，絕不輕言貸款。有的認為拿祖先產業去抵押有損祖上陰德，有些則無法忍受讓別人賺取利息的「損失」。然而，現代企業已漸偏向「舉債經營」的觀念，認為拿別人的錢來賺錢是最聰明、最有效的經營方式，也是企業發展的必經途徑，可以說：這年頭只有錢人才能借更多的錢，賺更多的錢，我們若想在這個經濟社會上立足就不能不借錢。

2. 不要錢也要借錢

這句話聽起來好像不合邏輯，殊不知等您急需再想借錢就來不及了，其理由很簡單，一方面是由於時下的金融機構作業速度都不快，答應得也不夠爽快，二方面是因為您不先借錢，別人怎知道您信用如何？所以在您不需要錢時不妨先試著借錢，祇要有借有還，下次再借就不難了。

3. 借錢不只找銀行

大部份借錢都先想到父母兄弟，然後是親戚朋友，再來就是銀行了，其實銀行只是金融機構之一，除了銀行以外的融資單位還包括：信託公司、租賃公司、信用合作社、分期付款公司、票券金融公司、三點半公司、銀樓，甚至同業、地下錢莊都是可能的融資來源，這些單位的融資內容及方式都有需要瞭解，才能廣開財路。

4. 不借錢也能週轉

能借錢來週轉當然最好，但是借錢太多會影響財務結構（使負債比率偏高），而且不應借錢而去借錢時，等於造成另外一個損失（即利息），企業若能以節省資金使用的方式來取得融通，比借錢更能發揮良好的財務管理功能，譬如：儲蓄、保留盈餘、賒欠貨款、加強催收、處分資產、租賃設備、尋求保證等都可以達到週轉的效果，應該善加運用。

5. 要懂得如何借錢

借錢是一種科學，也是一種藝術。所謂「科學」是指借錢有一定的辦法和原則可循，要懂得如何借錢以前應先瞭解國內金融的環境、融資的各種來源及種類、融資的作業程序以及信用評估要素等，明瞭這些之後，融資的手段就靠個人「藝術」的發揮了。

◀)) 第三節　向銀行貸款，應分散往來

不少座落在台北舊社區的商戶喜歡單獨跟一家銀行往來。他們堅持「定於一」的理由，不外乎交往時間久，感情深厚，以及彼此瞭解多，辦事容易等。

集中與一家金融機構往來，的確享有「相處融洽，手續簡便」的好處，如果能夠取得銀行經理信任，願意提供充足的財務支持，更是「魚兒水中游」，得其所哉。不過，天下沒有白吃的午餐，如果不是企業根基雄厚，如果不是企業常有大筆存款實績，那麼現實的金融機構，早就反臉相向，棄您而去啦。

許多公司，尤其是羽毛不豐的企業，經常面臨下述兩種局面：

1. 申貸獲准，但是動撥的時候，銀行突然來個「額度已滿，敬請稍待」。

2. 急需用錢，可是貸款申請提出久矣，卻毫無下文。

第一種情況，「額度已滿」只是其中原因之一，其他如經理授權變動，或資金緊俏，金融機構本身已需向外拆借等，都會讓借款人處在「逢大旱，望雲霓」的困境。

銀行法對金融機構敘做放款業務訂有種種規定，例如「商業銀行辦理中期放款之總餘額，不得超過其所收定期存款總餘額」（第72條），再如「各信託投資公司承做國內外保證業務之總額，以不超過該公司淨值之五倍為限，其中無擔保之保證總額不得超過該公司淨值」（信託投資公司管理規則第十八條）。萬一金融機構放款已達限制標準，再無額度使用，借款人只有徒呼負負了。

銀行對其各營業單位經理一般均給予授信權限，在資金緊俏時期，偶會收回，碰到這種節骨眼，借款人再怎麼拜託，銀行經理也沒有辦法幫忙。

第二種情況，申請貸款無著落，也有多種可能，譬如條件不合、額度已足、不符銀行之授信政策等。

每家金融機構在辦理授信（包括貸款和保證）時，都有各自特殊的規定，而信用評等方式也不盡相同，這家不許那家准，是經常的事，因此，工商企業的財務人員，除非真有把握，可以在需要時取得充裕資金，否則只與一家金融機構保持關係，不啻自尋絕路。

社會變遷的結果，銀行經營方式已大異往常，尤其銀行從業人員的流動相當迅速，在這種情況下，企業與銀行透過感情，保持長久密切關係已不可得，一切都要從現實觀點考慮，與獨家銀行保持往來似乎不是明智的做法。

　　當然，分散往來也有缺點，例如無法做好實績，貸款額度難以擴大等。要決定在若干家銀行開戶，實也是一種「兩難式」的選擇，企業宜斟酌本身規模大小，以做定奪。

🔊))) 第四節　中小企業資金缺乏的原因

1. 財務方面
(1)家族化經營
　　國內的中小企業，普遍採用家庭或家族式的經營，組織的成員不多，資金來源有限，所能吸收的資金太少，往往造成自有資金的欠缺。

(2)缺乏理財的能力
　　中小企業，業主大多由業務人員或技術人員出身，理財的觀念很淡，加之缺乏財務的經驗與調度的能力，導致企業資金的不足。

(3)難以建立完善的會計制度
　　由於多數中小企業業者不太重視帳務處理，疏於會計人才的羅致，無法設立健全的會計體系，且不能採用現代化的財務管理，致使財務失措，資金週轉不當。

(4)信用薄弱
　　一般中小企業常因規模不大，財務數據不全，而無法滿足金融機開徵信的要求，或因無力提供十足的擔保品，不能提升其信用度，因而發生融通資金上的困難。

2.經營方面

(1)經營條件較差

中小企業往往與金融機關往來較少,並缺少業績狀況及經營計劃,而且在資金用途、償還計劃等方面,較難符合金融機構的審查標準,就不易獲得其足夠的貸款數。

(2)經營容易虧損

中小企業常因經營管理失措或生產效率較低等因素的影響,資金流入不足以支付資金流出。

(3)貸款數不易配合業務所需

由於向金融機關辦理融資手續需要一些時日,且以短期貸款較多;再加其他如私人借款的數量與期間皆有限,致使貸款數甚難配合企業長期經營的需要。

(4)資金的配合運用不當

許多中小企業業者常以籌集的短期資金,以繼續展期的方式當作中長期資金投資使用。以致使資金與需要無法配合,經常突然失去到期貸款還款的財源。

(5)企業的商譽難顯

中小企業或因成立時間不久,或不重視宣傳,複以市場佔有率不高,導致企業的名度不彰、商譽不顯,因而不易取得融資。

(6)企業的內部控制不當

中小企業業者對經營管理,常憑本身經驗隨意行事,缺乏完整的內部流程控制體系,極易產生流動資產的僵固,從而使資金週轉困難。

(7)資金運用風險的增加

由於業者缺乏票據知識,恒以私人信用替代企業信用,並常誤

用支票，而提高資金運用的風險。

(8)容易發生資金週轉失靈

中小企業在資金方面每每忽略預算的編列及資金使用計劃的擬定，使得企業資金運用、管理、籌措績效不佳，容易造成資金週轉失措的現象。

3.其他方面

(1)融資消息欠靈通

中小企業輒因缺少調查與研究，而不能充分明瞭各銀行的融資服務消息，等到聞風而及時，不是貸款減少，就是貸不到款，而居於告貸的下風。

(2)債權兌現困難

由於資金來源突發性的變化，如債務人惡性倒閉，使得帳款無法收回或票據難以兌現，造成資金不易週轉。

(3)遭受金融市場波動的影響

當經濟景氣低迷時，中小企業易受金融市場信用緊縮、銀根緊俏等不利因素的衝擊，難以獲得及時的融資。

(4)金融機構審查較嚴

金融機構對放款的審查，不但重視借款者的經濟能力、管理狀況、資金用途、償還計劃、債權保障、企業的發展等，而且更進行徵信調查，觀察與銀行本身往來情形，還要審查其財務結構。中小企業者不易提出上開各種數據，不能滿足其審查標準，故較難取得可靠的資金。

第五節　中小企業資金籌措的方法

1. 長期資金(七年以上)籌措方式

(1)提折舊準備金派充

中小企業對固定資產的折舊，採用備抵折舊方式使固定資產符合現況；如合乎稅法或獎勵投資條例的規定，更可以採取加速折舊，迅速累積折舊準備金；由這些提出的備抵折舊準備金，往往作為長期資金來源，成為報廢的固定資產的重置資金。

(2)出售閒置的固定資產

由於生產方式改變及技術的改良，或其他的原因，而造成若干固定資產的閒置；若閒置不用，不但造成折舊損失也積壓了資金，故適時出售此項資產，有助於長期資金的流通性。

(3)向金融機構籌資

金融機構辦理長期融資並不太多，僅少數專業銀行及信託投資開發公司辦長期貸款，貸款項目如進口機器及建廠貸款、長期輸出融資，相對基金貸款等，中小企業可就其需要而獲此長期貸款。

(4)攤提盈餘金撥充

在盈餘分配表中，每年酌增保留盈餘或特別公積金，指定作為特定的用途，累積成長期資金；在提撥這些準備外，企業可另行設置長期資金，俾供公司長期保有良好的運用資金來源。

(5)發行股票或債券

中小企業若為股份有限公司型態，則在新設或增資時，均可發行股票，按公司法規定增發普通股及優先股，籌集長期所需資金；

另外公司又可發行抵押債券、信用債券、本票或其他債務憑證。以此種公司債或其他債券，委託金融機構代銷，藉著這種方式亦可籌措長期財源。

2.短期資金(一年以下)籌措的方法

(1)利用交易信用方式

可由買方簽發收購或本票、匯票、支票，向賣方賒購原物料或商品，俟一段期限後，再償付貨款，如此即在賒帳中，企業利用應付票據，應付帳款或貨款等延期付款方式，以節省資金開支方式取得流動資金。

(2)獲取銀行短期融資

中小企業業者就近或在熟悉的銀行存款，俟一段時間後，即可向此往來銀行，以抵押、信用及透支或專業融資等方式洽借款項，取得短期資金週轉。

(3)發行商業本票

依法登記的中小企業，覓妥銀行、信託投資公司或票券金融公司保證後，委由票券金融公司簽證、承銷、屆期指定其往來銀行擔當付款，即可得到短期資金融通。

(4)出售交易票據

中小企業經實際交易行為而執有可轉讓的本票商業承兌匯票及銀行承兌匯票，得與票券金融公司洽定交易票據買進額度，經訂約後可依市場行情，於訂約額度內出售票據給該票券融公司，從而獲取短期資金。

(5)出售應收客帳

中小企業的應收客帳如過巨時，可將這些客帳付與應收客帳承受商，如此企業僅需付墊款日至到期日的利息，就能獲得現金融通。

(6)吸收社會遊資

社會的短期遊資，特別是員工、親友、家族性的閒置資金，乃是中小企業主要的吸收對象，對於充裕短期流動資金有莫大的幫助。

(7)獲得供銷商的特別融資

資金雄厚、規模龐大的供銷商，為了拓展銷售市場，常給予中小型廠商或批發商、零售商短期的資金告貸，協助其在營運上資金的週轉。

(8)以私人名義取得借款

如以農、漁會的會員或信用合作社的社員資格，取得擔保或無擔保貸款；另外可以自助互助方式：籌集所需的資金，就像國內相當流行的互助會即是；尚可以私人間的信用及交情，彼此互通有無，週轉所需的資金。

(9)客戶預付貸款

中小企業在履行各交貨契約時，可要求資金不虞匱乏的客戶，先行預付部份貸款，期增生產資金的運用。

(10)申請項目貸款

許多銀行及其它金融機關有各項項目貸款，其中一年以下的短期融資，如進口民生日用必需品及主要工業生產原料貸款等。

(11)利用記帳關稅

只要依法登記的中小企業，對其外銷品進口原料稅捐，先採用記帳方式，即可取得銀行保證的授信融資；或俟產品外銷再行沖稅結帳，以節省現金開支。

(12)吸取國外融資

可直接向國外有關機構獲得短期借款，或以國外金融機構開發

的短期信用狀、D/A(承兌交單)D/P(付款交單)，向國內銀行辦理信用狀及托收方式外銷貸款。

3.中期資金(一年以上、七年以下)籌措的方法

(1)利用企業內部資金

由企業歷年盈餘中，提特別公積金，以此累積的保留盈餘，作特定目的運用的較長資金來源。

(2)向外吸收資金的投資

鼓勵親朋好友的參與經營，吸收其入股金或合夥金；或業主轉向外告貸籌款增資的來源？以充裕中期資金。

(3)從金融機構獲得貸款

業者可以抵押方式，向其往來銀行取得中期借款，如進口機器、中小型民營工業貸款等；或以企業的卓著信用，獲取往來銀行二、三年的中期無擔保放款。

(4)由保險公司取得融資

業者先以企業的固定資產辦理產物保險，或以其本身投保人壽保險，再提供抵押辦理物險貸款或壽險貸款。

(5)向廠商獲得資金融通

中小企業可與供銷商聯繫，得到製造商或廠商所予資金方面的優惠，如獲取其分期付款或借款，以利其中期資金的週轉。

(6)取得項目融資

多的機構提供項目融資，透過金融機關辦理中期貸款，如中央銀行對生產企業進口機器外匯貸款及對技術密集工業、主要出口工業外匯融資，青輔會提供的青年創業貸款。經濟部煤業合理化基金保管運用委員會提供改善煤場貸款。

(7)租賃方式獲取資金

利用租賃方式取得固定資產的使用，可降低資金的成本，並節省資金的運用，因此中小企業可向租賃公司租用機器等固定資產，不但提供額外的融資來源，而且亦可增加資產擴大企業的信用額度，租金又可以費用記帳，減輕稅負。

(8)從國外獲取融資

中小企業可向國外公民營團體借款，爭取外人或華僑直接投資，或利用外國廠商分期付款信用，從而得到更多資金來源。

第六節　企業資金如何順利週轉

企業經營的目的有二，第一是利潤的獲得，第二是永續經營。換言之，賺錢固然重要，而能否繼續經營亦同等的重要！企業若要達到第二個目的，捨資金順利週轉之外別無他法，若要避免資金週轉不靈，必須探本溯源，找出其病症所在，徹底的加以根除不可，否則，即使能獲得週轉於一時，而病根不除，終有復發的一天！況且經營者，若被迫一天到晚將寶貴的時間，花在調頭寸上面，將沒有時間為明日的發展而籌劃，結果將使企業失去更上一層樓的機會。在藉此年關，大家都在為調度資金而忙碌或進行年終大檢討時，針對中小企業如何避免資金週轉不靈，略紓管見，並簡單分析資金發生週轉困難的原因及其對策，以供參考。

企業要預防資金週轉不靈，最具體的方法是，要作好資金管理計劃，在每一預算期間內擬訂好「資金運用表」，以便掌握資金的動態。因調度資金，非一朝一夕之功，故至少需要提前六個月或一

年以上，使用正常的方法去準備。

　　所謂正常的方法，是指根據正確的資產負債表，從其科目中去尋找資金調度的方法；例如可以從借方科目中的應收帳款，加強現金的收回，又可從貸方科目中的應付帳款，去請求交易對方延期付款等。所以中小企業要有健全的管理及會計制度和能正確反應經營結果的財務報表，才能做好資金調度計劃，否則等到拍賣商品，調換支票，停止應付帳款，展延支票限期以及借高利貸等病狀一旦發生，定會動搖企業的信用，屆時，再想去調度資金，恐怕就很困難了。

　　獲利而有盈餘的企業，為何會發生資金週轉不靈的導致所謂「盈餘倒閉」的結果呢？考其原因，不外是：

1. 收存的客票，或背書轉讓他人的支票，不能兌現或應收帳款不能回收

　　若此一數目很大，會引起金融機構及交易企業的警戒而影響企業的信用，所以企業在平時，就必須作好顧客的信用管理，並致力於債權的回收。

2. 融資銀行或關係企業改變其方針

　　在平時，從金融機構或關係企業獲得一定融資或支援的企業，因該金融機構採取銀根緊縮的方針而縮小融資的範圍，或關係企業為應付不景氣，將一向外購的產品，改為自己生產而突然停止訂貨；或本來系大量採購的客戶，因產品滯銷而縮小生產規模，結果將使預定的訂貨量減少等等，都可能使企業的資金週轉發生困難，針對此弊病，企業在平時就要改善管理體質，使其具有獨立自主的能力，不要過份依賴某一大企業或銀行，要多接洽幾處可予支持的地方，以便分散危險。

3.企業內部管理不善

例如開出支票，卻忘了記在帳簿上，或業務員捲款潛逃，往往都會使企業的資金調度發生困難，為防止此一毛病，企業一定要預備好內部牽制制度。

4.多角化經營，新投資事業或新產品開發失敗

多角化經營，雖有分散危險的好處，但是在不景氣時，其中任何一部門都可能同時發生危險，結果其危險不但不分散，而且有集中加倍的可能；多角化的組織方式，可以採用利潤中心或不同公司名稱的方式，但因其關係密切，依然會相互連累，發生循環性的困難，另外，危險性較大的一種情形是，將企業的運用資金，投資於週轉性較慢的投機事業，如不動產事業，或其他風險較大的事業。

本來就資金不足，可能發生資金不易週轉的現象，實施根本治療，找出虧損的原因，徹底予以改善。

其次，論及經營發生虧損的企業，因其本來就資金不足，當然更是可能發生資金不易週轉的現象，雖然它亦可能獲得一時之週轉而渡過難關，但是頭痛醫頭，腳痛醫腳，不如實施根本治療，所以最好的方法是找出虧損的原因，徹底予以改善。

一般來說，中小企業之所以發生虧損，揆其原因，不外是，濫發支票、借錢過多，產品滯銷、收入減少、削價求售、成本過高、投資過大、存貨太多、設備閒置、生產力太低、對新事業的投資失敗、帳款回收不良、事業會計與家計不分、經營者的不專心或人事管理效率的低劣等等，其結果是企業的體質惡化，收益減少，最後導致資金的不足。

🔊))） 第七節　企業如何改善財務管理

在談及如何改善中小企業的財務管理效能之前，我們得先看看企業財務上究竟有那些「待改善」的特質，包括：

1. 自有資金不足，資金成本高。

2. 經營家族化，負責人多系由業務經驗累積經年之後自行開業，普遍缺乏財務上的經驗與調度能力；同時由於財務會計人才的不足，財務會計制度未臻健全。

3. 由於企業知名度不夠或因成立時間不久，信用未著，再加上融資工具或擔保品的不足，融資不易。

4. 票據知識不足，常以私人信用替代企業信用，更糟糕的清況則是支票的誤用，使資金的風險更為提高。

5. 企業經營缺乏全盤性與長期性的計劃，頭痛醫頭、腳痛醫腳，往往由於一兩件的突發事件，便使企業多年的心血付諸東流。

資金是企業經營的血液，中小企業由於有上述的缺點，所以在資金籌措上便較大型企業困難。針對這些問題，中小企業在籌措資金時，首先必須瞭解企業資金的長短期需求，謹守「長(短)期用途必須以長(短)資金支應」的原則，固定資產應以自有資金來支應，如果不足，也僅能退至以中長期信用支應。萬萬不能以短期信用支應；經常性週轉金也應避免以短期信用支應；至於短期或季節性的需要，則以利用商業信用為上上之策，如果有必要，則再利用銀行信用。

此外，針對上述融資工具與擔保品缺乏的弱點，可以充分利用

中小企業信保基金的信用保證來獲取必要融通。合會、信託公司、租賃公司雖在成本上較為昂貴，但融資和融物都較方便，亦不妨考慮；民間借貸的利息太重，少用為宜，如有必要也應找有交情的人商借，免得惹來銀錢之外的糾紛。如果舉辦員工存款以吸收資金，則必須慎防集體提存的危機，因此宜以借款的方式辦理以減少風險。銀行是籌措資金的最佳場所，也是中小企業在財務調度上一定要打交道的地方，選擇往來銀行時，除應選擇業務性質相當、地點鄰近、服務靈好、資金雄厚、作法新穎和具有人緣關係的銀行外，須注意不宜獨家往來？應該多開幾個賬戶，但也不宜過分分散，矯枉過正。

各銀行所提供的各種融資中，廠房廠地的資金需求可利用專業銀行的長期信用；購置機器司利用專業銀行或一般銀行小的中期信用；亦可利用信託投資公司及租賃公司之財務租賃；存貨則可申請國內遠期信用狀融資，而以信託佔有的方式提供擔保；若有應收票據，亦可持向銀行辦理貼現或客票融資。如果有外銷業務，則可憑外銷信用狀申辦低利外銷貸款，D/A、D/P 及訂單亦可申請外銷週轉金貸款。

如果往來銀行說他們缺乏頭寸，則可請其保證發行兩業本票，在票券市場上取得資金；如果因擔保品不足而無法獲貸，則可申請中小企業信保基金保證。請注意，維持適當的存款餘額，是與銀行往來的秘訣。

建議中小企業要採取穩健經營的原則，求適度成長即可，不必要求快速過度成長，似避免承擔過重的財務風險。同時，為了彌補人才不足的缺憾，最好能利用政府的輔導機構並隨時請教專門的職業人才。

第八節 企業的融資診斷

透視企業的經營情形，可以將企業分為生產部門與管理銷售部門兩個單位加以剖析。

在生產部門中，企業的長期資金投諸於購地建廠與改善、充實機器設備；短期性營運資金則用於僱工、購料、製造生產方面。在管理銷售部門中，企業的長期資金供應於裝設營業所、增置事務機具；短期性營運資金則支付於進貨、管理、銷售一推廣及催收帳款的費用支出等。因此，企業為謀自有資金的充裕，宜避免過度的擴張，以減少對長期性資金的需求，設法降低存貨，積極催收帳款，來縮減對短期性資金的依賴。

但是目前中小企業多採低度自有資金比率的經營方式，在經濟景氣時，此種方式的經營或尚有利可圖，遭遇不景氣時，卻易因資金短絀而發生營運上的危機，那就非銀行的「融資」進補治療不能解困了。

一、長短期不同，資金運用也就不同

銀行的融資是藥，可以舒筋活血，可以紓解企業的營運困難，但是下藥必須對症才能病除——短期的週轉貸款與長期的資本性貸款兩者性質完全不同，用途當然有異。倘若以銀行長期性貸款移做短期週轉之用，不僅有礙於企業的成長茁壯，並且是浪費資金；但若以短期性貸款做長期投資而盲目的擴張，則是飲鴆止渴，勢將難

逃失敗的厄運。

資本性融資，屬於長期性，多支應於生產部門的建立廠房或更新機器設備；或購置管理銷售部門的事務工作機具等。

週轉性融金若按實際需要，則在生產部門有四種，即：

1. 購料貸款。

2. 信用狀貸款。

3. 保證(信用狀保證、進口機器保證、承包工程保證、稅捐記帳保證等)。。

4. 開發即期，遠期信用狀。

融資既然是「藥」，服食過度則難見產生「副作用」；中小企業對其需要應有適當的節制。因為對貸款的「依存度」太大，一旦銀根緊縮，不但週轉更加困難，而且由於利率升高，融資成本增加，乃致利潤不敷利息支出，可就得不償失了。更何況國內銀行授信作風大多保守，融資規定嚴格，中小企業向來貸款不易，尤其在經濟不景氣時，更容易面臨求借無門的困境，如果對貸款的依存度太大，那後果就更不堪想像了。

二、企業中長期資金的管理

1. 中長期投資的管理
(1)中長期投資的來源及其重要性

當企業在經營中有多餘的資金時，可在資本市場從事購進及出售股票、公司債、國庫券及其它證券以獲得收益之所謂「中長期投資」，此乃企業資金運用的一條蹊徑，同時也可強健企業資產的基礎；這些證券數量的多寡與價格的起伏，均影響企業的經營方向及

償債能力，務必小心操作。

(2)中長期投資的策劃

企業當先確定新投資方案，分析其利弊得失，並選出其最適當的投資計劃；然後據其計劃，對不同方式的中長期投資，按其緩急分成先後秩序，明訂投資政策的權責，再依其選定的方案，進行各項中長期證券的承購。

(3)中長期投資的處理

企業每次購銷中長期證券時，至少須由兩位經辦的主管簽名以示負責，此等有價證券購得後，應以公司名義登記，由分支機構投資者，以總機構名義登記；有開證券的文件至少需有兩份，俾便其保管主管與會計主管的瞭解，證券的原本應指定專人保存，直至證券出售註銷為止。經管證券的部門，對庫存的證券當定期盤點，並與帳載隨時調節相符，而其經辦的證券流出入，亦應定期編列報表，以供主管掌握證券投資的動向。

2.其他中長期資金的管理

(1)償債基金的管理

企業應設置償債基金按期提存相當數額的償債準備金，繳交信託公司保管，即可逐期累積，不必屆期一次付出巨額現；但償債基金的提數不應太大，否則會減少公司的流動資金，將造成財務的困難。

(2)保留盈餘的管理

企業若計劃將盈餘保留較長的時間，一方面須考慮公司內經常性質資金需要，另一方面須兼顧股東的權益及股票市場的價格，避免太少時造成永久性資金的缺乏及股票市場的下跌。

(3)經常性週轉金的管理

企業對於將來流動性資金的預計，應妥編財務預算，並密切注意未來財務變動，隨時加以修正，方能收到控制的效果。除此之外，企業應盡力增加營業毛利，此項毛利可充為經常性資金週轉，亦可用為支付利息、稅捐、股利、投資等用途，加強企業償債能力，提高本身信用地位。

(4)特別公積金的管理

此項公積金往往為企業特定用途而由盈餘中提取，每期所提的金額不應過巨，以免影響到其他資金的週轉；其提時間的長短，須視特定用途及盈餘分配金額而定，且此種資金僅限特定用途而不能移轉作他用。

三、企業短期資金的管理

1. 現金的管理

(1)迅速獲取現金

欲加速帳款收回，須將帳單盡速寄出，設法改進帳單處理程序，避免積壓，即可早日收現。同時，在支票兌現時應集中處理，簡化其作業過程，減少等待現金運用的現象。對於現金的投資，不應集中在帳款賒欠較大的產業上，所生產的商品當求其很快的轉換成現金。充分利用銀行電匯制度，迅速取得債務人匯入的現金；所存入銀行的款項以適量為原則，降低現金的呆滯。此外，為加速收現，當給與購貨人定額的現金折扣。而在購貨及物時，儘量以賒欠或開票據方式，節省現金開支；或採租賃而不購買，亦可保有現金應急。

(2)內部現金的控制

關於企業內的現金管制，當採用錢帳分管的辦法，由出納人員管錢、會計人員管帳，並建立查庫核帳制度，由稽核人員或指派專人不定期抽查，務期錢帳相符；如兼採帳務人員輪調辦法，當可避免出納與會計人員舞弊行為。若企業有分支機構時，總機構可以預算控制其業務用現金支出。

(3)現金收入的控制

企業收到現金後，立即入帳，且當日送存銀行，並開出收據依次編號留底；收現者若是銷貨人員或其他人員時，應連同發票集中送至出納處匯辦。如客戶函送現金或即期支票及匯票償債時，應當由承辦人二人以上共同處理，即時填妥收據清單，並簽名蓋章以示負責，再送交出納與會計員入帳。對於現金流出入大的企業，應設置收銀機，收款人員亦當即收即記；此外，帳務員應常常核帳點現，特別注意應收帳款的兌現，以防止早收遲記。

(4)現金支出的控制

企業為免除預留款項以備付款，可要求債權人在本企業收到客帳款項最多時間來收款兌現；並為保留較多資金運用，應在折扣日期始付款。而在企業內除現金撥充零用金或零找金外，其餘有開現金支付，一律簽發支票；當先對進貨及其它單據加強驗收與檢查，據以編制付款憑單或現金支出傳票等記帳憑證，作覓簽發支票的根據，前項發票憑證經發票後，即在憑證上加蓋「付訖」戳章，以防支票重覆簽發；此項支票的簽發應經二人以上共同簽章處理，以減少錯誤與舞弊；對廢棄支票須標明「作廢」字樣，並黏付支票簿存根上備查；此外，應收帳款付款時，當經常核帳，避見早記遲付的現象。

第 9 章

合理籌資有技巧

　　診斷企業的財務狀況，發覺企業資金不足，或是企業週轉金不足，便要設法謀求改變，方法之一是設法合理籌資。

◀)) 第一節　企業為什麼需要籌資

　　利用不同管道籌集資金，其籌資成本會有差異嗎？選擇那種籌資方式最合適？企業面臨的籌資困境有那些？如何走出企業籌資的困境？

　　「借雞下蛋」這個道理，現代企業的經營者就應該明白其中的玄妙了。我們這裏講的「籌資」與「借雞下蛋」還是有一定區別的，「借雞下蛋」是指借別人的錢為自己謀利，而企業的籌資廣義上講既包括自有資金的籌集，也包括借債。籌資對企業經營的作用是不容忽視的：

1. 彌補企業日常經營的資金缺口

管理者都知道，並不是企業要投資、要擴展時才需要資金，日常經營經常會出現資金缺口。例如與農產品打交道的企業，收穫季節到了，需準備一大筆資金收購農產品，再製成商品售出；如果企業應收賬款過多，而手頭資金短缺，企業也會選擇短期融資。

2. 為企業的投資提供保障

要投資，就需要資金，當然也可以用設備、土地、無形資產投資，但大多數情況下，對資金的需要是直接的，但是錢從那裏來呢？要知道「巧婦難為無米之炊」，要想做好投資，就要先學會籌資。

3. 企業發展壯大的需要

企業要佔領市場，要經營房地產，做多元化經營，要與對手拼個死活，要向國際市場進軍，那一條不需要巨額資金支援呢？想一想彩電、微波爐之戰，那一個戰役不是以鉅資為支撐，一旦一個企業耗不下去了，資金不足了，市場也將向它關閉。這就是現代商業經營殘酷的現實，因此，無論是中小型企業還是大型企業集團，想要在市場中生存，想要將企業不斷發展壯大，必須有「夠用的資金」，籌資也是一門必要的學問，值得好好研究。

美國船王丹尼爾·洛維格，1897 年盛夏生於美國密歇根州的南海漫，那是一個很小的城鎮。洛維格的父親是個房地產生意的中間人。在洛維格 10 歲那年。父親和母親因為個性不合離婚了。這樣，洛維格跟隨父親離開家鄉，來到了德克薩斯州的小城——亞瑟港，一個以航運業為主的城市。

童年的洛維格生性孤僻，不喜歡與別的孩子來往，他喜歡獨自到海邊碼頭上去玩。小洛維格最愛聽輪船嗚嗚的汽笛聲和啪噠啪噠的馬達聲。那時候，他總夢想著將來有一天能夠擁有一艘屬於自己

的輪船，然後乘著它出海航行。

　　洛維格對船極度著迷，高中沒念完就去碼頭工作了。開始他給一些船主做幫工，做些拆裝修理輪船引擎的活計。洛維格對這一行有出奇的靈氣，簡直稱得上無師自通。常常在別人休息的時候，性格內向的他獨自在那裏把一些舊的輪船發動機拆了又裝，裝了又拆，苦苦鑽研。很多年老的修理工見他這麼有靈氣，手腳又勤快，紛紛把自己獨到的手藝和技巧傳授給他。洛維格終於成了一名熟練的輪船引擎修理工，而且名氣越做越大。多少出了怪毛病的引擎，只要經他的手一撥弄，便又能完好如初。幾年以後，他不再滿足於東家做做、西家幹幹的狀況，在一家公司找到了一個固定的工作，專門負責安裝去全國各港口船舶的各種引擎。

　　由於他不凡的手藝，攬的活越來越多，忙都忙不過來，於是乾脆辭去了公司的工作，獨自開了個修理行。

　　洛維格租下了一家船廠的碼頭，專門從事安裝、修理各種輪船。生意剛開始很紅火，洛維格積攢了一些錢。可是，這些靠手工活掙來的辛苦錢，一點兒也沒能讓他滿足。出身於中低收入家庭的洛維格不甘心過平凡窮苦的生活，他要賺很多的錢，讓自己充分體會成功的感覺。

　　可是怎樣才能發財呢？洛維格在那時只有一點點微不足道的積蓄，不夠做生意的資本。年輕的洛維格在企業界裏磕來碰去，摸索賺錢的方法，可是總不得要領，甚至屢屢面臨破產的危機。

　　就在洛維格行將進入而立之年的時候，靈感開始迸發了。童年的一個小小的賺錢經歷出現在他的腦海裏。

　　那是在他 9 歲的時候，他偶然打聽到鄰居有條柴油機帆船沉在了水底，船主人不想要它了。洛維格向父親借了 50 美元，用其中

一部份僱了人把船打撈上來，又用一部份從船主人手裏買下了它，然後用剩下的錢僱了幾個幫手。花了整整 4 個月的時間，把那條幾乎報廢的帆船修理好，然後轉手賣了出去。這樣他從中賺了 50 美元。從這件事，他知道如果沒有父親的那 50 美元，他不可能做成這筆交易。對於一貧如洗的人，要想擁有資本就得借貸，用別人的錢開創自己的事業，為自己賺更多的錢，這就是洛維格的發現。

向銀行申請個人貸款，是洛維格能選擇的唯一辦法。在相當長的時間裏。紐約的很多家銀行裏都能見到他忙碌的身影。他得說服銀行家們貸給他一筆款子，並且使他們相信他有償還貸款本金及利息的能力。可是他的請求一一遭到了拒絕。理由很簡單，他幾乎一無所有，貸款給他這樣的人風險很大。希望一個個地燃起，又一個個像肥皂泡樣破滅。就在山窮水盡的時候，洛維格突然有了一個好主意。他有一條尚能航行的老油輪，他把它重新修理改裝，並精心「打扮」了一番，以低廉的價格包租給一家大石油公司。然後，他帶著租約合約去找紐約大通銀行的經理，說他有一艘被大石油公司包租的油輪，每月可收到固定的租金，如果銀行肯貸款給他，他可以讓石油公司把每月的租金直接轉給銀行，來分期抵付銀行貸款的本金和利息。

大通銀行的經理們斟酌了一番，答應了洛維格的要求。當時大多數銀行家都認為此舉簡直是發瘋，把款貸給洛維格這樣一個兩手空空的人。似乎有點不可思議。但大通銀行的經理們自有他們的道理：儘管洛維格本身沒有資產信用，但是那家石油公司卻有足夠的信譽和良好的效益；除非發生天災人禍等不可抗拒因素，只要那條油輪還能行駛，只要那家石油公司不破產倒閉，這筆租金肯定會一分不差地入賬的。洛維格思維巧妙之處在於他利用石油公司的信譽

為自己的貸款提供了擔保。他計劃得很週到，與石油公司商定的包租金總數，剛好抵償他所貸款每月的利息。

　　他終於拿到了大通銀行的貸款，便立即買下了一艘貨輪，然後動手加以改裝，使之成為一條裝載量較大的油輪。他採取同樣的方式，把油輪包租給石油公司，獲取租金，然後又以包租金為抵押，重新向銀行貸款，然後又去買船，如此一來，像滾雪球似的，一艘又一艘油輪被他買下，然後租出去。等到貸款一旦還清，整艘油輪就屬於他了。隨著一筆筆貸款逐漸還清，油輪的包租金不再用來抵付給銀行，而轉進了他的私人賬戶。

　　屬於洛維格的船隻越來越多，包租金也滾滾而來，洛維格不斷積聚著資本，生意越做越大。不僅是大通銀行，許多別的銀行也開始支持他，不斷地貸給他數目不小的款項。

　　洛維格不是一個容易滿足的人，他總覺得自己的腳步邁得還不夠大，他有了一個新的設想：自己建造油輪出租。

　　在普通人看來，這是一個冒險的舉措。投入了大筆的資金。設計建造好了油輪，萬一沒有人來租怎麼辦？憑著對船特殊的愛好和對各種船舶設計的精通，洛維格非常清楚什麼樣的人需要什麼類型的船，什麼樣的船能給運輸商們帶來最好的效益。他開始有目的、有針對性地設計一些油輪和貨船。然後拿著設計好的圖紙，找到顧客。一旦顧客滿意，立即就簽訂協議：船造好後，由這位顧客承租。

　　洛維格拿著這些協議，再向銀行請求高額貸款。此時他在銀行家們心目中的地位已非昔比，以他的信譽，加上承租人的信譽，按照金融規定，這叫「雙名合約」，即所借貸的款項有兩個各自經濟獨立的人或團體的擔保，即使其中有一方破產倒閉而無法履行協議，另一方只要存在，協議就一定得到履行。這樣等於加了「雙保

險」的貸款。銀行家們當然很樂意提供。洛維格趁機提出很少人才能享受的「延期償還貸款」待遇，也就是說，在船造好之前，銀行暫時不收回本息，等船下水開始營運，再開始履行歸還銀行貸款本息的協議。這樣一來，洛維格可以先用銀行的錢造船，然後租出，以後就是承租商和銀行的事，只要承租商還清了銀行的貸款本息，他就可以坐取源源不斷的租金。自然成為船的主人了。整個過程他不用投資一文錢。

洛維格的這種賺錢方式，乍看有些荒誕不經，其實每一步驟都很合理，沒有任何讓人難以接受的地方。這對於銀行家們、承租商們都有好處，當然洛維格的好處最大，因為他不需要「投入」，就可以「產出」。用別人的錢打天下，是洛維格獨到之處，這不能不說是一種經營天才的思維。

第二節　運轉資金不足時怎麼辦

一、向銀行借款前，企業要先徹底審核公司內資金

一般公司的運轉資金經常會有不足的現象，因此就必須考慮到不足的資金該如何籌措。

「錢不夠就去借！」遇到這種問題就立刻這麼回答的經營者，常可以見到，但是請稍等一下，在我們向銀行借款前，還有必須事先完成的工作，那就是「公司內部資金的大掃除」。

手邊先備妥資產負債表或試算表，然後從資產負債表的左側開

始看起。資產負債表的左側主要表示資金的運用，也就是資金的用途。因此，我們對於資金的用途要做到「不浪費、均衡及合理化」的要求。

從表 9-1 的審核要項中，請先過濾出公司現有資金中的可用資金。

表 9-1　公司內部是否做到不浪費、均衡、合理化

1. 手邊現有流動資金	①是否持有過多的現金？ ②支票存款的餘額是否超出所需金額？ ③是否因勉強借款而動用定期存款？ ④手邊是否握有此時出售較為有利的有價證券？ ⑤是否利用利率高的金融商品？
2. 存貨	①存貨處理是否能變現？ ②有無可退貨的貨品？ ③滯銷品是否可配合存貨促銷？ ④是否租下多餘不用的倉庫？ ⑤剩餘廢料是否可以賣出？
3. 其他流動資產	①有無尚未整理的暫付款？ ②代墊款、預付款是否有可以回收者？ ③有無內容不詳的款項？
4. 應收債權	①有無可從票據交易變成現金交易的客戶？ ②有無能以現金回收的客戶？ ③不良債權中有無可能催收者？ ④有無請款過遲的客戶？ ⑤有無下工夫回收款項？
5. 應付債務	①是否可延後付款？ ②票據期限是否可延長？ ③統一採購是否較便宜？ ④其他進貨廠商是否可提供更低的價格？ ⑤是否進太多貨了？

二、向金融機構調度資金的三種方法

圖 9-1 以資產負債表審視手邊的現有資金

資產負債表的要點(××年 3 月 31 日)

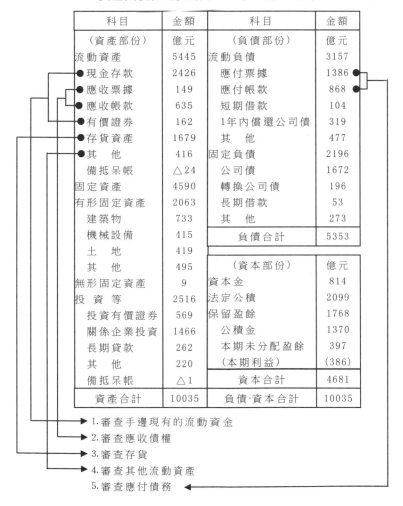

科目	金額	科目	金額
(資產部份)	億元	(負債部份)	億元
流動資產	5445	流動負債	3157
現金存款	2426	應付票據	1386
應收票據	149	應付帳款	868
應收帳款	635	短期借款	104
有價證券	162	1年內償還公司債	319
存貨資產	1679	其　他	477
其　他	416	固定負債	2196
備抵呆帳	△24	公司債	1672
固定資產	4590	轉換公司債	196
有形固定資產	2063	長期借款	53
建築物	733	其　他	273
機械設備	415	負債合計	5353
土　地	419		
其　他	495	(資本部份)	億元
無形固定資產	9	資本金	814
投　資　等	2516	法定公積	2099
投資有價證券	569	保留盈餘	1768
關係企業投資	1466	公積金	1370
長期貸款	262	本期未分配盈餘	397
其　他	220	(本期利益)	(386)
備抵呆帳	△1	資本合計	4681
資產合計	10035	負債·資本合計	10035

1.審查手邊現有的流動資金
2.審查應收債權
3.審查存貨
4.審查其他流動資產
5.審查應付債務

從公司內部籌措資金，若仍然不夠，就只好向外調度資金了。這時候，若向董事長個人或客戶借款，將來會有麻煩，所以盡可能避免。

另外，向高利貸等地下錢莊借錢時，利率很高，所以還是不借為妙。這麼一來，還是想辦法和往來銀行等金融機構調度資金較為理想。

一般而言，要向金融機構調度資金有以下幾種方法：

1.票據貼現

所謂的票據貼現就是指將票據作為擔保，向銀行借款一事。這種方法不失為調度不足資金最簡便的方法，因為這些借款只要票據到期交換後入帳，即可自行償還借款了。

然而，近來不開立票據的公司似乎有增加的趨勢，而且在貼現時又必須支付相當於利息的貼現息，所以也有人不願票據貼現，而以背書轉讓的方式做為付款工具。

但是，要特別注意的是，與商業買賣無關而以融通資金為目的開立的「融資票據」。票據原本是用來支付貨款的一項工具，若是為融通資金而開立票據，則可能會產生一些意想不到的糾紛，因為這種票據極可能是空頭票據。

另外，還有一些業者在資金週轉發生困難之後，開立沒有記載金額、日期等的「空白支票」，藉以向金融機構調度資金，但是請各位千萬切記，這些票據仍然有可能被濫用或引起一些不利的謠言。

2.透支

所謂透支，就是與有支票存款往來的銀行訂定透支契約，在契約金額範圍內即使有存款不足的情形，銀行也會代為支付票款的一

種契約。

這種制度的優點在於在契約範圍內，不需要一次又一次辦理借款手續即可自動取得借款。但通常在締結透支契約時，都會被銀行要求必須以定期存款等作為擔保條件。

3.本票借款

由借款人開出一張以銀行為領收入的本票，換句話說，銀行是以「本票貼現」的方式來融資，但與票據貼現不同的是，本票到期必須立即還款。

此外，一般而言，向銀行等處借款的方式有二種形態：

一種是為了運轉資金或決算資金等營業活動而發生的暫時性資金不足所籌措的借款。

此時，只要開出 3 個月或 6 個月的本票，必要時亦可更換本票以延長期限，並支付該段期間的利息即可。

另一種是針對設備資金等長期性的借款，通常都要立借據以作為借款憑證，而這類長期借款，還必須設定對象做為擔保。

第三節　企業籌資的類型分析

企業的組織形式不同，生產經營所處的階段不同，對資金的數量需求和性質要求也就不同。

營運資本是指公司的流動資產減去流動負債後的差額。

大多數人都使用活期存款賬戶，作為他們貨幣流入、流出的「蓄水池」。它之所以有用是因為你能夠以任何數目向裏面加錢，從 1 元錢到成千上萬；還可以很方便的隨時取款。但問題是你能取出的

不能超過你的蓄水池的儲存量，所以你必須管理好你的蓄水池，確定它能夠滿足流出。

和個人一樣，公司也有一個蓄水池。這個蓄水池中經常有資金進進出出。流進來的有現金、有價證券、應收賬款和存貨，流出去的是應付賬款和短期借款。這個蓄水池就是公司的營運資本。儘管你聽不到它們的聲音，但你能夠明顯感覺到蓄水池中不停的流動，時而緩慢，時而湍急，川流不息。

公司大約每天都在做財務決策。我們的錢應該投向何方？我們應該從那借錢？我們應該保持怎樣的流動性？

一、企業籌資的類型

企業從不同籌資管道和用不同籌資方式籌集的資金，由於具體的來源、方式、期限等的不同，形成不同的類型。

1. 短期資金與長期資金

企業的資金來源按照資金使用期限的長短分為短期資金和長期資金兩種。

(1) 短期資金

短期資金是指使用期限在一年以內的資金，一般通過短期借款、商業信用、發行短期債券等方式來籌集，主要投資於現金、應收賬款、存貨等，用於滿足企業由於生產經營過程中資金週轉的暫時短缺。短期資金具有佔用期限短、財務風險大、資金成本相對低的特點。

(2) 長期資金

長期資金是指使用期限在一年以上的資金，主要用於購建固定

資產、無形資產或進行長期投資，通常採用吸收直接投資、發行股票、發行長期債券、長期銀行借款、融資租賃等方式來籌集。長期資金是企業長期、持續、穩定地進行生產經營的前提和保證。它具有佔用期限長、財務風險小、資本成本相對較高的特點。企業的長期資金和短期資金，有時也可相互融通。如可用短期資金來滿足臨時性的長期資金需要，或者用長期資金來解決臨時性的短期資金不足。

2.直接籌資與間接籌資

企業籌集的資金按是否通過金融機構來籌集可分為直接籌資和間接籌資兩種類型。

(1)直接籌資

直接籌資是指企業不經過銀行等金融機構，而直接從資金供應者那裏借入或發行股票、債券等方式進行的籌資。在直接籌資過程中，供求雙方借助融資手段直接實現資金的轉移，無須通過銀行等金融仲介機構。

(2)間接籌資

間接籌資是指企業借助於銀行等金融機構進行的籌資，其主要形式為銀行借款、非銀行金融機構借款、融資租賃等。

二、根據企業自身需要選擇融資管道

企業在發展的過程中，會不斷地進行各種投資活動，尤其是正處於發展階段的中小企業，容易產生資金短缺，這種情況下僅僅依靠企業的內部積累是不可能滿足企業的發展需要的，因此，中小企業需要從各種籌資管道籌集資金。而且在現實中，中小企業的融資

管道是多種多樣的。

對於融資管道而言，最簡單的劃分就是將融資管道分為直接融資和間接融資。

直接融資是指資金的最終需求者向資金的最初所有人直接籌集資金。直接融資的主要形式是企業發行股票、債券或通過各種投資基金和資產重組、借殼上市等形式籌集資金。

間接融資是指需要資金的企業或個人通過銀行等金融仲介機構取得資金。

在中小企業面對的多種融資管道中，粗略地進行分類，可以歸成如下的幾種類型：

1.中小企業與銀行等金融機構

通過銀行貸款，這是一般公司最期望得到的結果。除此之外，一些中小企業還可以借助金融機構發行債券，向社會直接籌資。當然，這種活動必須具備一定的前提，對大多數中小企業而言這是可望而不可及的事情。

2.中小企業與個人

中小企業從個人手中籌資的方法是多樣化的。例如可通過吸引直接投資的方式增加投資主體，從新的投資夥伴那裏籌集資金。有的中小企業經營者在資金短缺時向親戚朋友借錢，親戚朋友們也會拉上一把。有的中小企業會鼓勵職工入股或向職工集資。這種方式籌資的優點就是手續簡便，資金到位及時；缺點是資金數量往往很少，且會受到較多干涉。當然向私人籌資的最高形式就是發行股票了，但這對一般的中小企業來說要求較高。

3.中小企業與其他企業之間融資

中小企業與其他企業之間的籌資關係主要表現為商業信用。商

業信用是公司的穩定的融資管道，中小企業可以通過賒購的方式從供應商那裏獲取商業信用，同時企業為了促進產品或勞務的銷售，也會對顧客提供商業信用。

4.還有一種微妙的融資租賃籌資

如果企業從融資租賃公司租入一台設備，租期 10 年，每年支付 120 萬元的租賃費，期滿後設備歸 K 公司所有。對 K 企業而言，相當於分期付款購買設備。如果 K 企業現在就將設備購入，可能要一次支付 1000 萬元資金，直接影響企業的現金流，而每年支付 120 萬元對資金的佔用是很小的，企業獲得了發展所需的較充裕的資金，同時也獲得了設備。

5.中小企業與政府

政府對於一些行業提供特殊的優惠政策，如對農業的優惠，在這一領域的公司可以提出申請，如果因此獲得一筆低息貸款，在某種程度上也減輕了中小企業的利息負擔。

6.中小企業還可以引進外資

中小企業在籌資中也可以利用外資來發展自己。如在海外市場融資、出口信貸、合資等等，形式是多種多樣的。

三、如何獲得銀行的支持

正處於蓬勃發展階段的企業，迫切需要銀行的信貸投入。然而銀行在紛紛表示支持的同時，仍有「恐貸」、「惜貸」的心理和行為。

究其原因，是因為部份企業存在著一些欠缺和不足，銀行對其有顧慮，怕貸款產生風險，因而不敢貿然行事。經調查研究，企業要獲得銀行貸款的青睞，主要從以下幾個方面努力：

1. 健全財務制度

部份企業無據、無賬、賬務不清晰甚至還做假賬。銀行對資金的來龍去脈，企業真實的經營效益、經營成本、資金實力等情況難以知曉，對貸款項目無法準確評估預測，當然不敢放貸。私營企業要獲得貸款，必須首先建賬建據，規範經營，改變資產隱形管理，提高企業經營的透明度。

2.長線經營

一部份企業，靠一些簡單的設備，生產一些品質不高、急需急用的產品，經不起市場的考驗。還有相當一部份小企業目光短淺，不願拿出資金進行科技開發，由於上述兩種情況，導致企業市場前景不明，使銀行缺乏足夠的信心。

3.提高自身素質

儘管有頭腦、有遠見、有創新意識的企業不少，但仍有部份小業主由於自身素質的制約，經營管理水準不高，存在著家庭化管理、經驗化管理的弊病，有的還停留在小手工作坊水準，企業稍有發展，經營管理就難以適應。而在銀行的貸款審查中，經營者的能力是重要的考核項目。

4.尋求有效擔保

作為第二還款來源，有效的抵押與擔保，也是銀行貸款時必須考慮的。目前，如有存單質押，有具備實力的單位擔保，銀行一般都是一路「綠燈」。經有關部門批准，企業還可以通過聯合建立擔保基金來解決這一問題。

5.樹立良好信譽

要十分注重信譽。在資訊的傳遞非常迅速的今天，失信於一家銀行等於失信於所有銀行。

🔊 第四節　（案例）亞馬遜的經營理念

2016 年 9 月 22 日，美國最知名的科技公司之一 Amazon 的股價首次突破每股 800 美元的關卡，成為市值前五大的美國企業，僅次於 Apple、Alphabet(Google) 與 Microsoft。然而，攤開 Amazon 的財報一看，許多人或許會難以理解 Amazon 的高股價成因為何？一家 2015 年 EPS 僅 1.25 元、十年平均 EPS 約 1.4 元的公司，怎麼會有 800 元的股價？答案在於創辦人的獨特經營目標－持續創造現金流量。

Amazon(亞馬遜公司)是創立於 1994 年的線上零售商，創辦人為貝佐斯(Jeff Bezos)，於 1997 年 5 月 15 日，以每股 18 美元於美國 Nasdaq 正式上市，但於 2001 年才第一次發布公司獲利的財報。早期的 Amazon 為一家網路書店，主要以書籍為零售商品。1997 年 6 月從網路上賣出第一本書後，1999 年客群涵蓋全球 160 個國家。

在網路產業泡沫化的 2000 年初期，Amazon 於 2001 年正式宣布由虧轉盈的獲利財報。2007 年發布電子書閱讀器 Kindle，開始推行無紙化業務。2015 年以電商業者的身分，在美國西雅圖開設第一間實體書局，店內除了賣書以外，也販售自家出品的電子產品，如 Kindle、FireTV 與 Fire 平板。2016 年底，Amazon 對外宣布將開設幾乎全自動化的實體零售商店 Amazon Go，1 萬平方呎至 4 萬平方呎的商店僅需 3 名人力便能營運。

現在的 Amazon 不僅是實體書、電子書的零售商，而是從

衣服、廚具到電子產品，幾乎任何商品都賣的巨型電子商務業者。

貝佐斯崇尚以一種不同的概念去經營 Amazon。傳統公司多強調獲利能力，然而，對貝佐斯而言，公司持續創造更多的現金流量才是他經營的核心概念。從傳統常見的獲利指標來看，一家淨利率、ROE、ROA 都呈現衰減趨勢，且十年來最高 EPS 為 4.9 元的公司而言，誰能想像它的股價是在 2016 年底時大約是 750 美元。若以傳統的角度來看這家公司，2016 年本益比高達 150 倍，2015 年更是高達 540 倍，這樣的公司誰也猜不到是目前全球最大的網路零售商——Amazon。但若以貝佐斯的經營概念來看，數據確實地與其股價相應，股價基本上與公司營收、營運現金流量與自由現金流量的上升趨勢相符。貝佐斯創造一種觀點來審視一家公司的價值——是否能在未來「持續創造現金流量」。

貝佐斯的經營理念

貝佐斯曾經公開表明，公司的獲利率並非 Amazon 所追求最大化的目標，每股所獲得的自由現金流量才是應該追求的。假如必須降低獲利率來換取最大化自由現金流量，那 Amazon 也會去做，因為自由現金流量是投資人真正能享有的部份。

事實上，Amazon 便是雙元靈巧企業 (ambidextrous organization)的代表。這類企業會善加利用現有優勢擴張現有收益，並同時投資於未來。Amazon 對於顧客的信念也能從貝佐斯的言論中看出：把顧客放第一、研發、然後要有耐心(Put the customer first. Invent. And be patient.)。Amazon 一直以來最重要的現有優勢便是忠實的顧客，貝佐斯也忠於他經營的理念，

持續設法降低顧客的購物成本並提供顧客他們想要的服務與貨物。例如：開發物流軟體與平台，降低物流成本，並將此回饋在顧客消費的運費上。在巧妙經營現有優勢的同時，Amazon也持續的進行投資，投資現金流量呈現穩定上漲的趨勢。身為電商業者，軟體的開發、硬體設備的建立都是必備的。此外，Amazon也持續推出硬體產品與服務，包含 Kindle、Fire TV 等產品，以及未來的特色性實體商店。

心得欄 -

- -

- -

- -

- -

- -

第 10 章

控制公司的現金收支

第一節　如何控制現金的支付

一、做好現金支付的控制

　　除加速收取賬款外，有效地控制現金支出也能加快現金週轉。現金收入的基本目標是最大限度地加速對賬款的收現，而現金支出的基本目標則是盡可能地延緩現金的支出。加快現金收入和放慢現金支出這兩者結合起來，將能使企業的資金得到最大限度的利用。企業的現金支出主要用於現金開支的範圍，現金支出控制的關鍵是應有一定的審批手續，款項只有經過審批，並符合現金管理規定及在現金使用範圍內才能支付。

　　現金支付的控制制度與現金收入的控制制度相對應，在現金支付控制方面，應注意圖 10-1 所示的幾個主要方面：

圖 10-1 現金支付控制制度

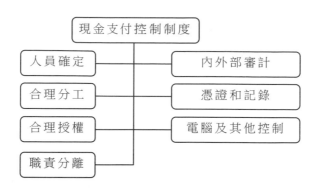

1. 由財務經理或財務經理助理經辦大額付款。

2. 批准需要付款的購貨憑證應由專門的職員,批准並簽發支票應由高級管理人員負責。

3. 業主或董事會授權大額支出,這樣可以確保與企業目標相一致。

4. 電腦程序員和其他負責支票的職員不得接近會計記錄,登記現金支付的會計不得有接觸現金的機會。

5. 審查公司業務是否與管理制度一致時應由內部審計人員負責。

6. 由外部審計人員審查現金支出的內容控制,以確認會計系統所產生的費用及資產和以及現金以支出相關的其他項目的金額是否正確。

7. 供應商開出的發票是支付現金所必需的憑證。

8. 銀行對帳單上列示的現金支出,例如支票和電匯付款,用來調整公司的帳面記錄。

9. 支票應按順序編號,以說明付款的順序。

10.應把空白支票鎖在保險櫃裏，並由不從事會計工作的管理人員負責控制。

11.支票的金額要用支票印表機列印上去，為了避免重覆付款，已付款的發票要打孔。

控制企業的現金支付可以採取以下一些措施：

⑴一切現金支付都必須根據企業所收到的或自行填制而由有關人員簽字的「付款憑證」，經指定的高級職員批准，送交會計部門。

⑵會計部門核對付款憑證後填制開發支票的授權憑證，由有關人員開具支票一併送交出納部門，對於授權憑證，在有的企業中稱為「應付憑單」。它主要包括付款日期、受款人、批准付款的負責人員的簽字，還包括會計部門主管人員的簽字、金額和應借記的賬戶。

⑶出納部門核對符合後，將支票簽字，交給受款人，並將付款憑證加蓋「付訖」戳記，送還會計部門。

⑷會計部門做成「(借)適當賬戶和(貸)現金」的分錄，據以入賬。

⑸每月月結根據銀行送來的「對數單」和會計記錄相核對，完成現金支出的全部程序。

二、現金支付的控制方法

現金支付控制是指在權衡成本和收益的基礎上盡可能的延遲支付款時間，以給企業提供更多的使用資金的時間。通常的做法有控制支付時間、充分利用銀行的信用額度以及做好付款前的核查工

作等。

1. 控制支付

在控制支付之前，現金經營管理人員應儘快知道企業的收支情況，以便提前採取投資措施以使用過剩資金或者採取融資措施以應付資金短缺。這就需要儘快知道企業的收支情況，也就是說，企業要從銀行儘快獲得企業收支情況的信息。

儘早知道企業收支情況的辦法有以下兩種：

⑴在清算完之後，銀行應及時告訴企業；

⑵企業應定點向銀行諮詢相關情況，如果能夠及時知道收支情況，企業就可以及時採取投資措施和融資措施。

延遲現金流出就要儘量縮短現金閒置的時間，此類的現金支付控制措施對於有效的現金管理來說，也是十分關鍵的。

如果企業擁有多家開戶銀行，為防止在某些賬戶中逐漸積累起過量的現金餘額，該企業應當迅速地將資金調入到專門進行支付的賬戶或銀行。嚴格控制支付的程序，將應付賬款集中在一個單一的賬戶或少量的幾個賬戶中，這些賬戶應該設在公司總部。這樣，資金就可以十分準確地在需要支付的時候再支付。如果企業想獲取應付賬款的現金折扣，那麼，就應在折扣末期支付；如果企業不想享受現金折扣，但為了達到最大限度地利用資金的目的，那麼，付款時間應在信用期限的最後一天。

零餘額賬戶是一種公司支票賬戶體系，在這種賬戶體系中，始終保持餘額為零。零餘額賬戶要求有一個父賬戶來彌補子賬戶的負餘額，並存儲子賬戶正的餘額。

國外有許多大銀行都為客戶提供這種服務系統。在這一系統下，由一個主支付賬戶為其他所有的子賬戶服務。每日末，當所有

支票都被結算完畢後,銀行自動從父賬戶向各支付賬戶,如薪資和應付賬款支付賬戶等,劃撥足夠資金以支付申請付款的支票;如果零餘額賬戶分散在一個或多個銀行,資金可以以電匯的方式,從集中銀行的中央賬戶劃撥。這樣,除了父賬戶外,所有其他支付賬戶每天都將保持餘額為零。

設立零餘額賬戶不僅可以加強控制現金支付,還可以消除各子賬戶中閒置資金的餘額。

如果企業在較遠的外地也設有分支機構,該分支機構不能就地支付所欠款項,而必須由企業指定的付款銀行進行遠距離付款。遠距離付款的目的是為了盡可能延長支票的郵寄時間和結清時間,從而對現金支出進行控制。

2.利用付款期延展

如果不影響企業的信譽,那麼,為了控制現金支出,應盡可能地展期付款。對於在一定期限內要求付款的應付賬款,企業可以等到寬展期限的最後一天付款。如果 50 天內付清全部貨款,那麼,企業可以在第 50 天付款。或者企業可以在 50 天以後 1～5 天內付款。一般情況下,額外費用是不會產生的。

3.利用銀行信用額度

對於一些存款大戶,通常情況下,銀行會給予一定的信用額度。信用額度是銀行同意企業在一定時間內隨時所能融通資金的最高數額。通常在信用額度範圍內的企業融資的利率比一般融資的利率要低,個別銀行還允許存款大戶在一定數額範圍內進行透支。

4.做好付款前的核查

在付款之前,核查工作不可缺少,核查工作可以防止無效或錯誤付款的發生,這些工作一般包括以下幾點:

⑴核對發票和訂單。要確認企業即將付款的事項確屬已經發生訂貨，並且訂貨數量和金額與對方發票所載明的數量和金額相符，訂單所要求的貨物與發票所載明的貨物相符。

⑵開出付款憑單。一旦付款的條件具備，就可以開出付款憑單。憑單要授權開出付款支票並載明開出支票所需要的相關信息。

⑶簽收支票時需要由有簽發支票授權的人簽發。

5.利用現金浮遊量

由於企業存在著未結清支票，使得其在銀行裏的可用資金，通常要大於其賬簿上的現金餘額。企業的存款餘額與其帳面現金餘額的差額，被稱之為現金浮遊量。

現金浮遊量產生於從支票開出，到它最終被銀行結算之間的時差。如果企業能準確估計現金浮遊量，那麼，企業存款餘額就可以減少並利用資金投資，獲取收益。這種理財方式被稱之為「利用浮遊量」。

某公司在銀行的活期存款餘額是 100 萬元,如果這個集團已經簽發一張 30 萬元的支票，並確知這個支票尚未結清，那麼，活期存款餘額仍為 100 萬元而不是 70 萬元。這時候，公司可以繼續使用這 30 萬元額度。

值得我們注意的是近年來蓬勃發展的電子商務對利用浮遊量做法的影響。電子商務方式下，電子數據交換成為商業信息交流的主要方式。信息傳送和支付活動進行得更快也更安全，能幫助企業更好地預測現金狀況並進行現金管理；另一方面，電子通匯也消除了浮遊期間，對某些公司來說，意味著理財收益的很大損失。

第二節　現金收支辦法

1. 原則

(1)現金收入

①任何現金收入及即期客票，均須逐日由承辦人送交出納，存入公司賬戶，如為門市收入，須逐筆由門市部出納收款。所有收入的現金及即期客票，均不得挪為支付之用。

②客票均應請發票人劃線抬頭，如是即期支票，並應請客戶註明「禁止背書轉讓」字樣。收入客票後，應即影印一分（註：如無影印證，則記入登記簿亦可，但仍以影印最好），客票影本應分別按到期日先後由出納歸檔。客票期票正本於背後註明存入本公司賬戶後，應即按銀行托收手續，委由銀行代收。

③公司因財務需要，以遠期客票向銀行或他人貼現，或背書轉讓予他人作支付款項之用，均須編制轉帳傳票經負責人核准後為之。

④存入現款或到期客票收現時，出納應檢齊客票影本、銀行存入款通知書及其它有關單據，開立「收入傳票」，經會計、會計主管及公司負責人核准後，按日期先後順序編號歸檔。

(2)現金支出

①所有現金支出，除零用金以現款支付，外匯存款及乙種存款以取款條連同存摺支付外，均以支票行之。

②支票均以即期為原則，除付員工等特殊情形外，均須書寫抬頭及劃線，並註明禁止背書轉讓，此項原則於執行時，由會計經理

酌情決定。如因財務調度及交易慣例，得開期票，管制方法如下期
票期間長短由承辦部門主管、會計主管及公司負責人共同決定，但
期票日期一律定為各月 8 日或 23 日(註：避開各業慣例的 5 日、15
日、20 日或月底)。期票仍為劃線抬頭，但不註明禁止背書轉讓。

　期票一經開出，即由出納按到日期先後記入期票登記簿內，記
明到日期、支付對象、金額、賬戶名稱、支票號碼等。

　③申請支付現金時，應編制現金支出傳票、(格式見附表)。申
請支付期票時，應編制轉帳傳票。傳票後應妥附原始憑證如發票收
據等，於支付前須經部門經理及會計經理核准。新台幣 5000 元以
上(不含 5000 元)的支付，須經公司負責人先行核准(註：公司負責
人為免案牘勞形，可酌情提高上列金額或授權他人作此項核准，或
於簽署支票時同時核准支出傳票)。

　④客帳付款日期，有訂貨單者，於交貨後 30 天付款；如無，
為 15 天。其付款日固定為每月 8 日及 23 日。以上日期均自貨品檢
驗通過日(即驗收單上收貨日期)或服務完成日(由承辦單位註明)
起算，如訂貨單或合約有特殊規定者，依其規定辦理。國外結匯款
項及其它支付事項，按個案需要而定。

　⑤廠商如願負擔現金折扣，得應其請求，於貨品檢驗通過日後
三天內付款。現金折扣應付款項 2%計算。

　⑥購買生產用原料及物料，須備訂貨單及驗收單，副本於付款
前送會計部。訂貨單金額超過 10 萬元者，須經公司負責人簽署在
訂貨單上。其他物品或設備，須備請購單，金額超過 5000 元者須
經公司負責人核准。請購單上須備有驗收欄，但設備須另備試車合
格報告書。上列各項單據齊全後，會計部方可付款。

　⑦公司銀行賬戶空白支票、空白本票、支票存根、已簽未遞交

支票、存摺等有關銀錢單據由出納保管，定期存款單由會計主管保管。

⑧如某項費用須由其他部門預算下負擔時，須經該部門經理簽章同意。

2.流程

(1)各部門

①各部門所承辦的交易，如無訂購單、請購單或台約，支出傳票由承辦部門先行填寫，並經部門主管核准，然後送到會計部。傳票後應附發票收據等原始憑證。

②各部門所承辦的交易，如有訂購單、請購單或合約時，支出傳票由會計部門適時填寫，但承辦部門應將發票、驗收單等原始憑證在編傳單之前送會計部。

③發票及收據須有公司全名之抬頭及出票人店章。如是收據，須貼千分之四印花。發票及收據均應填本公司統一編號（按規定免填者可免）。

(2)會計員

①如交易有訂購單、請購單或合約，應適時自行編制支出傳票。傳票上應註明上列單據及驗收單號碼（有訂購單必有驗收單）。

②如支出傳票由其他部門填寫，應加核對改正，並填妥會計分錄等數據，完成傳票編制手續。

③上列傳票，均應於付款期限前三日提出以供直接主管覆核、會計部經理及公司負責人核准。

④發票及收據等原始憑證須為正本。如正本須專案歸檔時，應以影印本作附件並註明正本在那一檔案。傳票上須經適當人員簽字。如有修改，亦須簽字。

⑤對於出納所編收入傳票，應於覆核並填入合計分錄。

(3)會計組長

①覆核傳票內容與原始憑證。

②建立收支順序表，監督適時收入及支出。

(4)出納

①編制收入傳票。

②根據已核准的支出傳票開發支票，送請會計主管及公司負責人簽署。支票號碼及銀行帳號應填在支出傳票上。

③保管已簽名未送出支票及空白支票並負責寄發支票事宜。作廢支票存根上，妥為保管。

④客戶領取支票，匯請其在傳票上蓋領訖章。所蓋圖章應與發票上圖章相同，或按照印鑑卡亦可。如圖章不同，應由公司承辦人員簽名確認並負責。如受款人為公司同仁，得以簽名代蓋章。如支票用郵寄，應以掛號寄出，並請客戶簽回回條。

⑤支票遞交後，應在傳票及所附單據上蓋「付訖」紅字，並於編列傳票號碼後依序歸檔。

(5)會計部經理及公司負責人

①確定收入及支出是否恰當，並核准。

②簽署支票。支票最少須經此二人連署。

第三節　零用金支付的管理

表 10-1　零用金申請單

編號：　　　　　　　　　　　　　　日期：

受　款　人	_____		
說　　　明	_____		
申　　請_____	部門編號	科目名稱及編號	金　　額
複　　核_____			
核　　准_____		合　　計	
部門經理_____			
會計主管_____	簽收人_____		

1. 原則

零用金基金定為新台幣 3 萬元，只設一筆，由出納保管。如基金需有增減，須由公司負責人批准。

⑵申請零用金，須填寫零用金申請單（格式見附表），妥附原始憑證，經部門主管及會計人員批准後，方得支付。

⑶小額借支，得填寫借據，經部門經理及會計主管核准後，由零用基金暫借，但須於次日後盡速清理報帳。

⑷零用金於每日下午 2～3 點發放。

⑸會計主管應隨時抽查零用金基金。

2.流程

(1)各部門

①零用金申請單由申請人自填，附發票收據等原始憑證，送直接主管及部門經理覆核及批准，然後送會計部。

②領取零用金時，應在申請單簽收欄簽字。

(2)會計

①會計員應覆核零用金申請單內容及單據，並填上會計科目。

②由會計主管核准支付。

表 10-2　××公司支出傳票

支票賬戶 _____	傳票號碼 _____
支票號碼 _____	傳票日期 _____
受款人 _____	
金額新台幣 _____ NT$ _____	
說　明 _____	
請購單號碼 _____	訂購單號碼 _____
發票號碼 _____	驗收單號碼 _____
制　票 _____	覆　核 _____
核　准 _____	
部門經理 _____ 會計經理 _____ 總經理 _____	

科　目			金　額		
名　稱	科目編號	部門編號	總　帳	明細帳	部門明細
合　計					

(3)出納

①保管零用金基金。

②於支付後在零用金申請單及有關單據上蓋紅色「付訖」字樣。

③零用基金只餘 5000 元時，應整理已付零用金申請單，加以編號，並按科別彙編清表，然後開發支出傳票，申請補充零用基金。

④保管小額借支借據，並催促借款人盡速報帳歸墊。

🔊 第四節　現金收支項目

資金有如企業中的血液，現金則如血液中的紅血球。紅血球職司輸送氧氣和營養至身體各部份，使人體得以生存及成長。現金亦然，企業中的機器、人工與費用等等，非錢莫辦。即使是以賒賬方式購買，當帳款到期時，仍須以現金償付，如果沒有現金，於個人言，可能一錢逼死英雄漢；於企業言，則可能遭受倒閉清算而致一蹶不振。

在企業中，「現金」非僅指花花綠綠的鈔票，凡是立即可以支取現金的票據亦屬之，現金又以不受限制，隨時隨地可以作為購買力為特性。違反此項特性，便不得視為現金。

1. 庫存現金

握存在企業手中的現鈔屬之。現金最易發生流弊，須嚴加管制，其最高原則為「一切收款，悉存銀行，所有支出，悉開支票」。因此，除當日收款來不及存入銀行者外，「零用金基金」應為僅有的庫存現金。

由於一切收款悉存銀行，企業為應付日常零星支出(例如定為

每筆 500 元以下），預估一段時間（例如二週）的需求，一次撥出一筆定額基金，以便逐筆付現，直至基金將用罄時再行報帳補入。這種零用金制度，可見以支票支付眾多零星支出之煩，為執行上列原則所必須。

如果業務人員經常需有零星開支，例如車費與小額交際費等，可一次撥借若干，仍於將用盡時報帳補入。此項借款，屬於暫付款，並非現金。

2. 銀行存款

存在銀行隨時可以動支的存款，才是現金。

(1)活期存款

例如甲種活期存款隨時可用支票提現，銀行不付利息，其即期支票可視為現金；乙種以存摺及取款條領款，其餘額均可視為現金。以目前商業習慣言，甲活存算是現金類最重要的分子。銀行中的透支戶，在授信額度內，雖然可以隨時提取現金，但性質屬於流動負債，不得與其他銀行存款賬戶相抵沖。

(2)定期存款

定期存款因中途可解約提現，可視為現金，若以定期存單向銀行質押借款（可達 90%），則所貸款項應列為流動負債。

(3)專款存戶

專款存戶不論是活期或定期，如按法令或契約規定不得由企業自由動用，例如公司基金或員工退休金專戶等，就不得列為現金。

(4)停業銀行中的存款

能夠提回若干，何時可提回，均屬疑問。應列為應收款項，不得視為現金。

3.遠期支票

遠期支票到期才能兌現，目前並不能充作購買力，屬於應收票據性質。如以之向銀行或親朋質押調現，仍屬負債性質。

4.郵票

部份企業在銷售時，亦有收受郵票以代現金事情。郵票通能用於郵寄，不能持以購物，不得列為現金，應列入文具用品盤存項下。

5.職員借支

屬於暫付款，並非現金。職員借支應盡可能減少，且必先經高級人員核准，以免氾濫；因業務而需小額借支時，應由「零用金基金」支應，並於事畢時迅速報帳歸墊。

企業中的交易，大部份與現金有關，有錢能使鬼推磨，現金之可愛，猶如「人參果」，為防偷吃，惟有善加管理。

現金管理最重要的方法，是設立完善的內部牽制，從制度上嚴密加以防範控制，此即孫子兵法上所說考慮利益以完成任務（雜於利，而務可信也），考慮害處而巧避防範（雜於害，而患可解也）。

當舞弊行為發生時，當事人當然必須擔負道德上及法律上的責任，但若企業制度不健全，則不便不能防微杜漸，而且處處恍如引誘他人舞弊，在道義上的責任恐亦不能免，如有損失亦難自辭其咎。

第五節　有效的現金管理制度

資金的基本管理制度，我們應分項來研究。資金第一個項目，也是最重要的，就是現金。

1. 現金管理第一個原則就是要設立傳票制度

意思說所有的收支，都需要有單據和適當的傳票。傳票要經過適當的核准，沒有傳票不可付錢。中小企業有一個很大的毛病，有時候收進來的錢也沒有入帳，而要用錢就拿去用，更嚴重的是把私人的錢和公司的錢攪在一起，這樣到最後一定是糊裏糊塗。第一到底有沒有賺錢不知道，錢有沒有收進來，有沒有支出去也糊裏糊塗，還有你到底錢有多少也不知道。總而言之，變成一筆糊塗帳。我們須第一要建立傳票制度，第二要出納跟會計要分開。

2. 除零用金以外，所有的現金都要存在銀行裏邊去，所有的支付統統開支票來支付

開支票給人家要盡量抬頭，僅量開劃線。你如果開即期支票，必須註明禁上背書轉讓。支票用圓珠筆或鋼筆來寫，很容易被偽造，所以最好用印表機打。如果沒有印表機，我勸你用複寫紙來寫，使支票的背面也有複寫紙的字樣，而複寫紙的字樣比較不容易被擦掉，用毛筆來寫也不容易被擦掉變造，但較不方便。

開公司的支票，一定要有公司的圖章，負責人的圖章，和一定要有另外一個人的圖章，會計的也好，這樣可以彼此牽制。支票的印鑑，大家都流行蓋印章，印章容易遺失，有時請人代蓋也容易出毛病，最好的辦法是用簽字，或簽字加蓋章。銀行的印鑑除了公司

以外,個人部份要有三個人或四個人,規定雙簽有效。這是預防公司內大家鬧意見,其中有一個人不蓋章,錢就領不出來了。

3.現金的管理制度,還須訂立很明確的現金收支辦法和支付零用金的辦法

因為一切的支付都用支票來支付,零星的日常支付就很不方便,所以就用零用金以現金來支付。普通零用金的辦法裏面,大概要規定幾大原則。

①第一是要訂多少錢以下用零用基金支付,這要看各企業的情況來決定。有的規定從一千塊以下,才可以用零用基金支付,反過來說,就是一千塊以上完全用支票支付。這種零用金的限額,要嚴格的遵守。這裏面中小企業可能會有問題,銀行發支票限制很嚴格,支票十分珍貴。如果你真的有困難,可以把金額稍為提高一些。

②第二原則是基金金額要怎麼設立,到底要設多少,是三萬還是五萬,通常都以兩個禮拜的需要量為準。意思就是說,這種零用金的支付,兩個禮拜大概需要多少錢,用比這個需要量大一點的金額來設立零用基金。剛開始你不知道這金額是否恰當,做了幾個禮拜你就知道,可以再行調整。

③第三如果這個公司有緊急支付,譬如說假如規定一千塊限額,現在緊急要去辦件事,需要四千塊,這怎麼辦?可以從零用金借錢,等辦完事,趕快把單據拿來報帳,報帳後把錢用支票請出來,再還零用基金。所以第三個原則是小額的借支。小額借支通常是開張借據,是印好的,經過主管、會計主管的簽字才可以借。

④第四個原則也就是要摹仿現金傳票的制度,設立一種單子叫零用金申請單。講到會計,普通是有兩種單據,一種外面來的單據稱為外部單據,一種是內部單據即傳票或零用金申請單。那這個零

用金申請單須述明誰申請的，經過誰的覆核，誰的核准，而支付的是為什麼？寫得明明白白，這樣才能對支付有妥善的管理。

4.現金收支制度，是現金收進來和支付出去的一種制度

①這種制度的第一要設立的，就是傳票制度。在傳票中與現金有關係的便是支出傳票和收入傳票。市面上賣那個長條小小的支出與收入傳票，格式非常不完整，這不太好，我們這裏有比較好的格式。當然傳票上要註明用掉多少錢，誰申請，誰用掉的，為了什麼原因，都要交待得清清楚楚。假定裏面是為著買原料進來，還有訂下訂單及驗收的制度。為了配合這種制度，我們必須在傳票上寫清楚訂單驗收單的號碼，驗收通過才可以給錢。驗收單是由進料檢驗單位所發出來的，除了給倉庫以外，還要給會計部門。我們剛講設立傳票制度，會計與出納須分開，開傳票的人是由會計來開，而付錢的人由出納來付。支票支付的檔案，是由出納那邊來管理。

第二點講到現金完整的一個辦法。各位要設立貴公司現金收支方法，可以摹仿這個而加以設立。我們來看看原則，現金的原則，第一個就是現金和即期客票都必須要由承辦人交由出納存入公司賬戶。

假定設有門市收入部，另外還要設門市出納。所有的錢都由出納來收，並存入銀行賬戶。所有收入的現金和即期支票不可做為支付用。第二點我們賣東西給人家，要向人家收錢，最好跟每一家廠商說好，就是說廠商開支票給我們時，要請廠商劃線抬頭，如果是即期支票，要註明禁止背書轉讓字樣。我們剛談到付支票要這樣做，同樣的道理，收支票也要這樣做。當然你收進來的是期票，而又要背書轉讓給別人抵帳或拿去銀行質押借款，在這種情況下，當

然不要叫他寫禁止背書轉讓字樣。禁止背書轉讓的寫法，很多的人寫在支票正面，這種做法是不合規定的。應該寫在支票背面，還要再蓋上印鑑，這才是真正的寫法。因為寫在正面，是大家的習慣。

另外說收入客票以後，就要影印一份。就是不管轉出去也好，還有托收也好，這樣的做法是屬於一種比較小心的效法。現在支票問題太多，如果你影印一份，萬一出了問題，還有一個樣本可以看，追蹤起來比較容易。如果沒有影印，就要登記，當然其號碼和日期應記於銀行帳上。如果是遠期支票，也要登記在遠期客票簿上或銀行記收簿上，以影印來說，應按照到期日，由出納來歸檔，那正本假定你拿去托收，就拿去托收，應在影印本上註明。如果你轉帳轉給別人，你也在影印本上寫轉讓給誰，轉讓是作什麼用。

第三點是由於公司財務的需要，把這支票轉給別人，或者拿去跟朋友調現金，或者拿去跟銀行調現金。這就必須編轉帳傳票，由負責人核准。

第四點是提到存入現款，或者是到期客票收現的時候，要編收傳票，收入傳票的格式，只要把市面上的修正一下，修正詳細一點就可以，或者照用也可以。收入傳票後面要附有關單據，例如客票影印本，不管有沒有支票影印本，一定要附存入時的銀行存款通知書，和有關的單據。有一個問題，我的支票是拿去托收，沒有銀行通知書怎麼辦？可以請銀行補寫給你，他們通常會補寫給你。如果銀行不寫給你怎麼辦？在這種情況下也只好用與銀行對帳的方法來處理。

第五點就是現金支出，第一條就是除了零用金支付外，其他都用支票來支付。但有的公司有開外匯存款，也有開乙種存款，那麼須用存摺取款條領款來支付。第二條就是我們剛才所說的，這些抬

頭、轉讓、背書、劃線的原則。假定開支票是開期票怎麼來開？就是支票要一起開，不要零零星星的開，規定一個付款日期一起付。

　　公司在付款日期有個習慣，是 5 號、10 號、15 號、20 號。其實最好能避開這個日期，如以 8 號或 23 號。那麼你說大家都是 8 號、23 號，怎麼辦？那麼就以 5 號、10 號為支付款的日期。總而言之，就是儘量避開人家所喜歡支付的日期。這些期票也要劃線抬頭，但不能註明禁止背書轉讓。即期支票是有資格寫禁止背書轉讓，但期票就沒有資格。期票開出去以後，要由會計按照期票日期次第登記在期票登記簿上。這期票登記簿在市面上是很普通的，積數十年之經驗，已經發展出標準的期票登記簿，只要買來用即可。

　　提到現金支付，一定要提到支出傳票，要經過適當的核准，要把事情寫得清清楚楚。這個支出傳票，我們來看格式。一個是支票的賬戶。傳票的號碼和傳票的日期，在支付後由會計來編。下面受款人要寫是支票抬頭人。另外有一個金額，後面要寫新台幣多少元，是要寫大寫。這就是預防內部人員把傳票加以塗改的方法，後面才是小寫。再下面的說明欄就是寫明這支票支付的性質，為了什麼而支付。然後再下來就是請購單的號碼及訂單號碼。請購單是內部請購用的，訂購單是對外訂購用的。發票號碼就是人家發過來的號碼，驗收單號碼就是人家貨交進來以凌驗收單的編號。再下來是申請人、覆核人及各級主管的批准，以總經理作最後的核准。下面是一些會計的科目。科目的名稱，還有科目的編號。有些公司根本連名稱都不寫，只寫編號。每一個部門也都要把它加以編號。我們在效電腦化會計制度的時候，這些編號都很重要。下面是金額，總帳的金額多少，明細分類帳各多少，還有各個部門的明細。一般比較完善的會計制度，是連部門花了多少錢，都要加以管制。

說到付款日期的問題，假如定 8 號跟 23 號，並且規定 30 天內付款，從驗收通過日期起算。假定某一個廠商 25 號才通過，那麼到這個第二個月的 23 號付款日，這不到 30 天。這種情況下，付款就要輪到下一次的付款日期，也就是 8 號。當然除了這種一般的貨款以外，這有很多其他的付款，譬如說，外匯付款或費用付款，如電話費、電費、勞保費等等，這是不能欠的。這要看什麼時候需要付就是什麼時候付。我們把對供應廠商付款的日期固定，主要的原因，就是便於做現金的規劃。

假定你有錢，人家願意付你現金折扣，那麼你也可以按照利息的情況，訂出現金折扣比率，譬如說，百分之二或者百分之多少，從所付的現金中直接扣除少付。在目前這個情況下，只要你有錢，你說要付現金給人家要扣多少，人家大部份都會答應，因為現在大家都需要錢。

②零用金申請單，事實上是等於跟支出傳票差不多。要補充零用金的時候，就把這些申請單和後面的原始單據統統收集起來，把那些科目相同的匯總起來，然後編出一張支出傳票，再申請這個款項，補足零用基金。

◀)) 第六節 （案例）營運資金的重要性

　　食品工廠老闆詢問，食品加工廠成立已有 10 年多，最近因朋友的介紹，向銀行貸款。當其將財務報表連同不動產抵押資料送達銀行後，竟被銀行打回票。銀行的理由是：貴公司的營運資金不足。

　　公司負責人覺得很納悶，為什麼已有不動產抵押的提供還貸不到款額？難道營運資金那麼重要？

　　銀行不是買賣不動產的機構。很多人以為有不動產抵押就是一定可以借到錢，其實不然。不過通常不動產當抵押要借錢比較容易，因此貴公司借不到錢，可以想像得到是財務或營業狀況太不理想所致。

　　所謂的營運資金即等於流動資產減流動負債之值。銀行貸款瞭解其目的在於探知貴公司短期償債能力以及貴公司對營運資金利用是否得宜妥善。營運資金運用不妥當或不足，嚴重的足以造成公司的倒閉；造成企業超額的利息負擔，減少利潤則不在話下。

　　一般而言，一個企業發生營運資金不足的原因約略有以下幾點：

　　1.銷貨成長過速，導致短期資金失調。通常我們總以為生意興隆是好事，但嚴格上說來卻有其隱憂。生意做得愈大，進貨資金相對提高，存貨亦需增加，因此也必須有相當的理財技術與充足的短期資金支撐才可。

2.因為通貨膨脹，物價上漲，導致重置成本提高。原先進貨 10 元的成本，因通貨膨脹的關係，而使重置成本提高到 11 元的現象，就必須有更多的短期資金來加以支撐不可。

3.發放股利不當。國內有很多企業年底的股利(分紅)太無節制或計劃性，以至於將來的發展每每受限於自有資金的不足。

4.發生營業損失。

5.發生非常損失。例如水災等不可抗力的災害使公司遭受損失，亦將使營運資金減少。

6.產業與設備擴充。此項原因同第一點，但在國內卻有許多廠商以短期資金來支援設備的擴充，如此不但為公司法所不許，站在企業經營立場亦相當不智。近年來國內許多大型企業倒閉或週轉不靈，大部份原因即由於此。

7.虛收資本。國內有許多公司成立時委託會計師或地下會計師調借黑市資金登記，於登記後退回，因而導致資金實質上的不足。另一方面經營策略採低資本方式，不足資金由股東墊借，故經常發生流動負債超過流動資產。

當然也並不是勞動資金不足，企業便會倒閉或週轉不靈，有時是企業營業性質特殊，有時可以以債養債，苟延殘喘。

未看到貴公司的財務報表，無法判斷營運資金不足的主因。因此若公司不是長期營業虧損，目前正以債養債，則應還有機會向銀行取得融通。

造成黑字倒閉的原因很多，但其主因即在於企業欠缺應付突變的財務能力，而想要能應付突變，加強營運資金的厚度卻是不二法門。因此企業經營應隨時考慮營運資金的需要量，不可有所忽忽。考量營運資金需要量的因素有下幾點：

1. 銷售數量：銷售量增加，應收賬款與票據亦增加，需大量存貨支撐，故需較多的營運資金。另凡營業受季節性影響，或市場供給量不穩定，或運輸困難的商品，其營運資金需要量亦較一般企業大。

2. 制銷所需時間：製造時間愈長，在製品亦必多，原料存量亦必須充足；銷售時間愈長，製成品存量亦隨之增加，營運資本需要量亦大。

3. 賒銷數量與授信條件：賒銷愈多，授信條件與期限愈寬，需以維持生產的資金亦必愈多。

4. 企業管理效能：收款效率高，不但壞賬損失減少，而且資金流轉快速；生產效率高，產品成本減低；存貨控制得宜，不會壓抑或呆滯資金；企業信用良好，銀行支持，融資容易，營運資金自然充足。

企業經營者應確實瞭解以上 4 點，作為營運資金規劃的指標。不要以為有大生意做就卻之不恭。做大生意雖然可賺大錢，但亦可能一夜之間讓多年心血累積的企業成果付之東流。

心得欄 _____

第 *11* 章

規劃運用銀行存款

 第一節　銀行存款的登記控制

　　銀行存款怎麼運用？企業大部份的錢是存在銀行裏面，銀行存款，第一種是支票存款，第二種是活期存款，即存簿存款，第三種是各種定期存款。銀行存款的運用，首先將在銀行裏面可以運用的項目先加以運用。除此以外，對於類似銀行資金，其他可以調撥的方法，也要加以運用。

　　關於現金的管理，除了現金的收支以外，另外有一個很重要的，就是銀行存款的管理。最主要的就是不可以存款不足。當然，我們要真正研究，就要研究資金的來源跟去路，怎樣減少資金的去路，增加資金的來源，做好規劃工作，不要讓錢不夠，這是根本的措施。

　　第一點就是要掌握住銀行存款的情況。掌握情況，一般講來，可以分成幾種。第一種情況就是現在有多少錢，以及將來有多少

錢，要想辦法把握住。關於這些首要有銀行登記簿，還要有每日的銀行存款餘額表，把各賬戶每日收支變動的清況報告出來。

　　第二點就是對於今日所要付的錢，還有今天之後的這個禮拜、下個禮拜，也就是這個月裏面，每個禮拜什麼時候有多少錢進來，什麼時候要付多少錢出去，甚至於下個月，下下個月，一次估三個月。這就是資金的預估，這種短期的預估普通都是估三個月，每個月修正一次，仍舊估三個月。

1. 銀行往來登記簿

　　首先我們來看看銀行往來登記簿。所有銀行存款賬戶出入的情況，都要記入銀行往來登記簿，普通都是按銀行別及賬戶別來登記。支票開出去以後，或存款存進來，都要登記。以支出來說，要填支票日期、支票號碼，以及被領取的日期。支票日期是我們開給人家支票的到期日，領取日期是人家領取支票的日期，或是把支票寄給人家的日期。傳票號碼是支出傳票號碼或是收入傳票號碼，支票被領取或寄出後就要編支出傳票號碼。摘要就是為什麼支付及付給誰。再後面就是存款、提款及結存的金額。

2. 銀行存款餘額表

　　銀行登記簿是由財務部門來加以登記，但管理人員例如幹部或老闆要看存款餘額表。因此財務人員就必須把銀行登記簿裏的資料加以統計，編出銀行餘額表。我們來看看存款帳號包括支票存款及定期存款都加以分別，如有外匯賬戶，也要列上去。根據我們政府的規定，出口所得的外匯存款可以以外匯存款存在銀行裏面，存活期的也好，存定期的也可以。存定期的話利息跟新台幣一樣，如果是活期的不能開支票，只能開取款條，外匯存款的用途，必須用於政府指定的出口及政府核轉的用途。

　　一般公司如果有進口跟出口的時候，就要去算一算，你出口收進來之美金變成新台幣等於出口的時侯、再去申請新台幣申請外匯好呢？還是保留美金在那裏比較合算？一般的原則大概是保留美金比較合算。你的外匯買進賣出有一個差額，通常一元美金差一毛錢，我們再來看，表的左邊，昨日帳上的餘額多少，本日增加的餘額多少，昨天加上增加，減掉減少就是帳上餘額，每一個賬戶都算出來，手存支票不是指收進來的遠期支票，而是那個已經完成蓋章的手續，還放在公司，還沒有給客戶領去的那種支票。在途支票就是已經被人家領去了，結果還沒有軋進賬戶，是多少錢呢？只要倒回來算就可以了。本日銀行帳上餘額可以算出來，然後打電話去問銀行餘額有多少，兩個餘額一減，差額就是在途支票全額。這種存款餘額表，最好是每天做。假定公司規模比較小，出入不是很頻繁，也可以三天做一次，或者一個禮拜做一次。最好三天做一次，也就是禮拜三跟禮拜六。

🔊 第二節　銀行存款的資金運用預估表

　　資金運用預估表是對資金收入支出及餘額預先加以估計，以便做適當固定的表格。從銀行登記簿，期票登記以及銀行存款餘額表，我們對於每日的收支情況都能充分加以掌握，另外對於當月份中每個禮拜，下個月及下下個月就要用資金預估表來預估，以便預先知悉在短期中資金是否充足。以十二月份為例，當月份應逐週計算，這裏面一共有五個禮拜，每個禮拜收支情況都要算出來，以免某一週錢不夠還不知道，後面兩個月亦即一月、二月只要按月計算

就可以，每次預估表一共編三個月，等到一月份的時候，一月份的資金預估就變成每個禮拜逐週計算，然後是二月跟三月，這樣逐次類推。這個表每一個月編一次，通常在上個月底編好。例如十二月份的就必須在十一月底把它編出來，然後每個月修正一次。

　　預估表的左邊，第一欄是期初餘額，是每週或每月初期的餘額，本期的期末餘額就是下期的期初餘額，接下來就是現金收入，首先必須把公司現金收入有那幾種型態列出來，然後根據以前的記錄把它算出來，每個月大概需要多少錢，支出也是一樣。但是支出除了經常性而外，常有一時性的支出，必須根據有關資料把它找出來。例如七月底以前要辦預估申報，預估申報要先繳一半的所得稅，這就是屬於一時性的支出，也要把它給擺進去。

　　一個公司的經常收入大概有幾項，一項是現金的銷貨，假定有門市部的話，要預估一下每一個禮拜，每一個月的現金銷貨會有多少，另一項是應收帳款的收現，必須要根據應收帳款的資料來統計。如果某公司可收到即期支票，那就可以算進去。假定他所付的是遠期支票的話，那個金額你就不可以擺進去，要擺在下面的應收票據，這個應收票據什麼時候到期兌現呢？這就要根據應收票據的影印本檔案數據或應收票據登記簿上的數據來計算編列。

　　再來就是票據貼現跟借入款項。票據貼現和借入款項要先安排好銀行或其他通路。票據可不可以貼現呢？要不要借入款項呢？你要算算每一個禮拜的錢夠不夠，如果不夠的話，那就要計劃用票據來貼現，還是借短期借款，並且要填到預估表裏面去。總而言之，你必須把上面有關的收入計算好，下面有關的支出合計算好。然後再看不夠的時候，如何彌補，再來填這個票據貼現跟借入款項這兩欄。其他公司的收入項目也許不只這一些，要仔細分析，看看還有

什麼收入項目，統統把它給擺進去。

收入支出列完以後，接下來就是收入超過或低於支出數，這是把收入跟支出相減，得到一個數字。最後是期末餘額，期末一定要有餘額，一缺錢就慘了，這樣一定會跳票的。當期末出現餘額不足時怎麼辦呢？這要看是票據貼現或是借入款項。例如，老闆自己掏腰包，那也算是借入款項。那是向老闆借的，公的錢和私的錢要分得明明白白。

再下面是未到期應收帳款、未到期應收票據、跟未到期應付帳款。因為十二月至一月的有關金額已經算到表中去了，所以表下的各項金額是列二月以後的餘額總數，要分項列出。

銀行存款的管理，一方面要掌握現在跟將來的需求，一方面我們對於收支要預估，這樣我們就知道什麼時候缺錢，什麼時候有錢多出來。當然不能夠讓它缺錢。這樣的話，我們就可以照計劃來作，相信對銀行的存款就可以掌握得十分明白。

🔊 第三節　銀行支票的支付訣竅

日常的現金管理，可以透過加速現金收回、推遲現金支付來完成。加速收回應收賬款，可以儘早的使用資金；而以不損害在供應商心目中的形象為前提，能夠儘量推遲支付應收賬款，就可以充分利用手頭的資金，這樣對公司百利而無一害。

讓我們先來看看公司如何加速現金收回吧！

首先我們要知道公司出售了商品和服務之後，到款項收回之間發生了什麼？

支票只有在它被提交給付款方開戶銀行，並由該銀行實際支付後才能變為入賬資金。在上面的每兩個前後相連的步驟中，都有一段時間，加速現金回收要做的就是把每一段時間都儘量縮短。

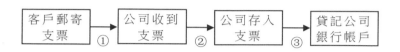

上面圖中②③兩段時間，就是收款的浮賬期間，也就是從客戶寄出支票到它變成公司的可用現金之間的時間。讓我們看看如何加速收款。

⑴建立銀行存款箱。公司在各地租借專用的郵政信箱，要求客戶將支票直接寄送客戶所在地的公司郵箱，然後委託當地銀行代理收款。

⑵銀行業務集中制。公司在總公司所在地之外的銷售業務比較集中的地區，設立多個收款中心來辦理收款業務，這樣在外地交易的款項也能迅速進入公司賬戶。

⑶電子付款。透過電子清算系統和 Internet 進行轉賬結算，簡化了整個收款過程。現在，這種付款方式越來越受歡迎。

什麼是現金浮遊量？

公司賬薄上的現金數字常常和公司在銀行賬戶上的存款不一致。這個差額就是現金浮遊量。現金浮遊量產生於從支票開出，到它進入銀行結算之間的時滯。一方面，我們的公司購進商品時，開出了支票，但銀行暫時並沒有將這筆款項轉出我們的賬戶，這就是正浮遊量；另一方面，我們的公司出售商品，收到對方公司開來的支票，我們記入公司的銀行存款賬戶，然而貨款此時並沒有轉入我們的銀行賬戶，這時產生的差額就是負浮遊量。

另一方面，推遲現金支付一樣可以增加公司的可用現金。

公司的各項債務應該在恰好到期時償付，最好不要提前還款，這樣可以最大限度的利用現金。對於有正浮遊量的公司，如果能夠準確估計浮遊量，就能夠利用這筆資金進行投資，獲取一個正的收益。

日常現金管理說起來好像很複雜，但實際上只要把握一點，儘量早收回現金，儘量晚支付現金，你就掌握其中的奧妙了！

第四節　銀行支票的支付控制

支票支出控制制度，應當具有以下各點：

⑴所有支票必須預先連續編號，對於空白支票，應該將其存放在安全處，嚴格控制，妥善保存。應注意的是，具有權力簽署支票的人不能是保管空白支票的人。

⑵支出每項支票時都必須經過事實上的支票簽署者的審批並簽發。支票簽署者通常需要得到董事會的投票同意，在某些情況下，可採用支票會簽制度。但值得注意的是，採用會簽制度有一個前提，每個簽署者必須獨立審核支票及其附屬憑證，否則這種會簽有更大的風險。因為每個簽署者都有可能認為其他簽署者會審核原始憑證和支票，而自己就草率簽字，結果可能每個簽署者都沒有認真審核原始憑證和支票。

有資格簽署支票的人，不能同時填寫支票和編制付款憑證。這種職務上分離有助於保證已簽發的支票只能用於某項被批准的應付款項上和保證該簽發的支票被記錄在銀行存款日記賬上。支票簽

署人應當保管好已簽署的支票，直至支票由簽署者或其授權的其他職員寄出或遞交給受票人為止，絕對不可再退交給編制支票的職員保管。熟悉業務的其他職員應定期檢查支票簽署者的工作，以確定他們是否簽署不適當的支票和他們的職責是否符合控制制度。

⑶支出每項支票時都必須有書面證據。如經核准的發票或者其他必要的憑證。並且應在支票上明確地寫明受款人和金額，並應與相應的應付憑證進行核對。應當禁止無受款人的支票和五金額的支票，因為這些都是相當危險的。已經作為簽署支票書面證據的有關憑證，應於簽署支票後，加蓋「已付訖」戳記，以防它們被用來作為重覆付款的憑證。

⑷應作廢任何有文字或數字更改的支票。並且，為了防止再被使用，必須在這些作廢的支票上加蓋「作廢」戳記。應和其他支票存放在一起，按順序號進行留存。

⑸應將所有已經簽發的支票在當日及時記入銀行存款日記賬中，並應定期與應付款或其他總分類賬借方進行核對。

🔊)) 第五節　銀行存款餘額的運用

1. 銀行存款餘額的種類

　　一般來講銀行的錢大概有兩種：一種是真正剩餘的資金，還有一種是什麼呢？在賬上已經是零了，可是由於未發出的手存支票，以及發出尚未轉入的在途支票，結果在銀行裏事實上還有錢在那裏，這種錢通常叫做浮遊現金，也就是所謂的 FLOAT。這種錢，也要想辦法加以運用。一般的公司如果管理資金比較好的，對於剩餘

資金,大概都有加以運用,但是對於浮遊現金就沒有加以運用,這就要想出一套運用的方法。

2.銀行存款餘額在銀行內的運用

支票存款沒有利息,對於資金的生產力,也要想辦法加以提高。資金的生產力是什麼呢?就是說要想辦法賺取更多利息,因此對於剩餘的現金和浮遊現金要想辦法加以運用。當然目前情況是銀行處於強勢地位,廠商都是要極力拜託。因此,銀行有時說,你跟我借錢就必須要有好的實績,所以會要求你支票存款實績應該有多少等等。如果是這樣的話,為了將來要向銀行借錢,也許就要在支票存款上擺一大堆錢。

如果暫時把實績的因素撇開,假定銀行沒有這個要求,那應該怎樣做呢?剩餘資金有幾個用途呢?一個是擺在支票存款這裏造實績,不過越少越好,因為沒有利息。

另外有一部份錢要擺在活期存款裏,現在有種活期存款,有一點點利息。如果是獨資的中小企業,錢最好不要擺在活期存款裏面,最好擺在私人才可以開的活期儲蓄存款裏面,萬一支票這邊缺少一點點的時候,就可以從這裏補充過去。

剩下來比較多的錢,應擺在利息比較多的定期存款裏面。現在比較大筆的錢都擺在定期存款裏頭,要用大筆錢的時候,從這裏可以向銀行拿定期存單質押借款,來支付支票存款的需要。這樣質押存款不是要付利息了嗎?當然要付利息。如果以 1 年為準,是12.5,質押借款付給銀行普通是加 1.25,所以變成要付 13.75。那麼會覺得付 13.75,多付了 1.25,不是划不來嗎?應該是划得來,為什麼呢?如果是存 1 天的話,假定沒有借出來,是賺 12.5;如果是借錢的話,只需多付 1.25,所以你存 1 天賺 12.5,可以低

10 天多付的借款利息，一定划得來。

假如是私人老闆，可以存私人的活期儲蓄存款。現在有一種存款，是把這個活期儲蓄存款跟定期儲蓄存款合起來，叫綜合存款。這種存款有兩種存款，第一個是活期儲蓄，第二個是定期儲蓄，統統寫在一本簿子裏面。假如這個存款有餘額的時候，一方面定期的部份，照定期的付息，活期的部份照活期的 8 點來付息。

例如活期有 1 萬，定期有 20 萬，那麼這 1 萬就照 8.25 付息，這 20 萬如果是存一年的話，就照這個 12.5%來付息。假如有一天要用 10 萬塊錢，就會透支 9 萬，不但把 1 萬塊用掉，而且還透支了 9 萬，這個 9 萬不必辦什麼手續，拿一張取款條就可以領了。一方面 20 萬還是拿定期存款利息，一方面這 9 萬塊錢要付 13.75，多付 1.25 而已。請大家注意，活期儲蓄存款或綜合存款只限於私人才可開戶，企業是不可以開戶的，因此這只適合自己當老闆的人運用。

3.銀行餘額在商業票券上的運用

事實上這樣的運用，還不是一個好的方法。不要存定期存款，把這些全拿去買商業票券。什麼叫商業票券？比較大的廠商，跟銀行有往來，銀行給他們提供一個保證的額度。廠商在發放商業本票的時候，銀行在後面做保證。所以商業本票經過票券公司買賣，都有銀行在後面做保證，絕不會倒賬，這是第一點。第二點，你如果說是營運資金要活期運用，你還可以去買一種商業票券，叫做附買回條件的商業票券，意思就是，今天跟票券公司買，隨時還可以賣還給票券公司。現在商業票券利率常比定期存款高，而且又可活期運用，何樂而不為呢？只是商業票券金額較大，通常至少 10 萬以上，大部份是 100 萬面額，因此小額資金較不方便。

當然你的剩餘資金很多，錢滿坑滿全都是，那時候就要運用長期的方法，例如買土地，買房屋或是什麼的，這又是另外一回事。

4.浮遊現金餘額的運用

至於浮遊現金怎麼運用呢？現在假定剩餘現金都已經適當地運用了，還有一部份浮遊現金餘額在銀行存款上怎麼辦呢？可以用一種很巧妙的方法叫做透支生息法來運用。透支的意思就是說，本來支票存款餘額不能少於零，如果出現負數的話，就會因存款不足而跳票。但如果跟銀行辦透支的手續，支票存款餘額就可以低於零而不會被出票，這就叫做透支。透支也是可以開支票，只不過可以透支到負數罷了。

透支也是一種貸款。這種貸款的性質怎麼樣呢？銀行給你一個額度，在這個額度裏面，如果是 200 萬，你開支票可以一直開到負1999999，銀行還不會退你的票。如何得到透支額度呢？一般要去辦透支的手續。透支有幾種，一種叫做信用透支。譬如說，王永慶要辦一個透支戶，銀行就說憑你王永慶給你透支 1000 萬。這種情況叫做信用透支，當然還要有兩個保證人。另一種是抵押透支。將房地產抵押給銀行，萬一透支的錢不還，銀行就可以將這套房產拍賣。還有一種是質押透支，拿公債或其他有價證券等動產來做透支。

運用浮遊現金，就是運用質押透支的方法。這質押透支怎麼做呢？

⑴先跟銀行談好要開質押透支戶；

⑵先算出浮遊現金的餘額大概是多少，這可以從平常銀行來往的帳戶上可以看出來，當公司銀行登記簿是零的時候，那時銀行帳戶大概還有多少錢，如果銀行登記薄不是零，是 5 萬，把銀行帳戶餘額減掉 5 萬就行了。連續看幾個月或 1 年的帳戶餘額，看兩個數：

一是取它的眾數，眾數就是最常出現的那個數字；二是取它的平均數，看看平均是多少。最好的方法是平均數也看，看那一個數高就取那一個數。

⑶取眾數平均數中較高的數字之後，再根據數字定出一個整數，然後再以這個數字的金額拿來作定期存款。例如浮遊現金是 100 萬，那就去調 100 萬來，存到銀行做定期存款。

第一步，與銀行談好開質押透支戶；

第二步，算出金額；

第三步，存定期存款；

第四步怎麼樣呢？很簡單，只要拿定期存款的存單到銀行開質押透支戶就行了，定期存款單信用十分可靠，銀行很放心，應該會答應開質押透支戶才對。而且開了質押透支戶之後，銀行內的定期存款實績增加了，貸款實績也因透支而增加了，銀行也並非有好處。

從透支生息法裏面，可以賺很多的利息，算給大家聽一下。假定右邊是原來的支票存款戶，左邊是透支戶，原來的支票戶有 100 萬浮遊現金餘額，100 萬這邊 1 毛錢的利息都沒有。現在如果拿這 100 萬去銀行存定期存款，開質押透支戶，這時透支戶餘額就會變成零，另外再加上 100 萬的定期存款。透支還是可以開支票，也是一種支票戶頭，但是可以透支到負數，透支金額不可以超過定期存款的 9 折，超過還是會被退票。

現在再來算一算，原來支票存款餘額 100 萬是沒有利息的，變成透支戶之後，不是就賺了 100 萬的定期存款利息嗎？100 萬的利息，一天是多少錢呢？乘以 12.5% 再除以 360 天，1 天賺了 347 元。再假定某一天支票存款餘額只剩下 40 萬，這時透支戶的餘額就變成負 60 萬，也就是說必須付 60 萬的透支利息。透支利息利率是定

存息加 1.25%，也就是 13.75%。付 60 萬利息就是 60 萬乘以 13.75，除以 360，結果是 229 元。這樣一方面在 100 萬定存賺了 347 元，一方面在 60 萬透支要付 229 元，我們還賺了 118 元。再往下降好了，假定有一天支票存款餘額只有 20 萬，那透支戶這邊變成負 80 萬對不對？負 80 萬也就是透支 80 萬，必須付 305 元，可是，另外在 100 萬定存那還是賺了 347 元 1 天，付掉 305 元透支利息，還賺了 42 元，你看，這樣不是天天賺嗎？如果不把浮遊現金餘額拿來辦透支戶，這些錢在普通支票戶不生利息。根據銀行的規定，只能透支到 9 折，100 萬定存單只能夠透支到 90 萬。在透支到 90 萬的時候，利息支出是 343 元，抵掉定存 100 萬的 347 元利息收入，還賺了 4 元。這就是透支生息的妙處，永遠賺利息。

　　運用透支生息法，銀行可能說透支就沒有業績，那可以說透支雖然沒有支票存款餘額業績，但是創造了定期存款及放款（透支也是一種放款）的業績，不是很好嗎？另外業績也不是把錢白白送給銀行讓他不必付利息去運用才算，其他例如進出口手續，銀行也可從你這兒賺很多錢，這種業績銀行更高興呢。更何況透支戶也未必天天透支，仍將有餘額。總之，銀行對企業強調業績時，企業應跟他們談整體的業績。如果企業不必向銀行借錢，無所求於銀行，銀行恐怕也沒有什麼力量跟你大談業績吧。此外，做透支生息法時，也要藝術一點。最好想辦法從別的地方調 100 萬進來，這樣做，銀行的餘額還在，然後慢慢提走，還那調來的 100 萬，最後達成目的，這樣銀行的心裏也好過一點。

🔊))) 第六節　（案例）印度企業按天管理現金流

　　東方軟體是印度新德里的一家軟體公司，為印度、中東和非洲的企業提供軟體產品和服務，具備軟體行業最高的 CMM5 級認證。

　　據東方軟體的 CEO 桑傑先生介紹，東方軟體以「天」為週期來管理現金流，採用成熟的流程和工具，每天自動計算現金存量及其與預算的差距，以及當前現金還能支撐多少天。桑傑自信地說：我們現在的現金可以維持 178 天，而去年這個時候我們的現金只能維持 123 天，這說明我們今年的現金管理方面有了很大的進步。

　　其他印度公司是不是也能做到按天管理？

　　桑傑說：以「天」為單位進行現金流管理，儘管不是每個企業都能做到，但是也並不鮮見。在印度，普通的企業最起碼要做到以「週」為單位進行現金流管理，按「月」為單位進行現金流管理非常罕見。

　　這主要是因為印度企業的資金非常短缺，資金成本很高。平均而言，印度企業的帳面現金大概能維持 60～90 天的消耗。如果一個企業的現金僅僅夠 60 天的消耗，怎麼可能以「月」為單位進行現金流管理呢？60 天等於 8 週，也就是兩個月。如果按「天」進行管理，有 59 次管理和調整的機會；如果按「週」進行管理，有 7 次管理和調整的機會；如果按「月」進行管理，則只有 1 次管理和調整的機會。那個企業家能夠保證自己一次

管理和調整就能解決問題呢？就現金流管理而言，真正的企業家都會認同這樣的邏輯。

印度企業家的現金管理能力並不是生來就比中國企業家強，中國企業家們致命的壞思維和壞習慣是被「慣出來」的，而那些救命靈丹往往是被「逼出來」的。

如果中國的企業家們還在習慣於「按季」或者「按月」進行現金流管理，需要想想自己的公司是否現金太多了，是否沒有注意到資金成本，從而導致現金流管理的週期太慢？如果現在環境發生了變化，每個人都需要認真想想如何加快現金流管理的週期，因為現在環境開始逼你了。

◀))) 第七節 （案例）集團企業如何控制現金流

集團企業現金流的基本特點是，最有效地從外部籌集資金，集中使用內部資源，合理調整各分部的現金流量，爭取集團整體的淨現金流入量的最大化。

1. 集團企業現金流管理的方法

為了協調總部與分部、分部與分部之間的利益關係，激發各方積極性，確保集團整體利益最大化，集團企業現金流管理的方法體系，必須是既有利於確保集團整體利益最大化，又能充分激發各分部積極性的方法體系。

為保證該目的得以實現的現金流管理方法體系由以下三部份組成：

(1)集中籌集資金

　　集團企業為了集團整體利益的最大化，應該用最有效的方法從外部籌集資金，即取得資金成本最低的資金來源。集團企業總部籌資的目標之一就是要將企業風險控制在一個適當的範圍，使企業整體加權平均資金成本達到最低。

　　集團整體有其綜合的經營風險和財務風險，總部必須從綜合的角度來分析集團風險，從集團整體利益出發考慮籌資方式，使集團整體資金來源結構最優化。這就要求集團總部控制各分部只從局部利益出發，考慮最優化的籌資行為，用集中籌資的方式取而代之。

　　另外，總部經營項目比較分散，經營風險較分部低，加之總部資本較分部雄厚，償債能力強，承擔風險的能力大於分部。由總部集中籌資可降低投資人的投資風險，使投資者願意降低投資收益率，因此，由總部集中籌資更容易獲取低資金成本的利益。

(2)集中使用資金

　　集團內各分部資金運轉的不一致性是集團總部可以從集中使用資金中獲利的客觀基礎。集中使用資金的基本目的有二：一是加速資金週轉，提高資金的使用效率，降低成本，增加收益；二是確保集團戰略目標的實施。集團總部可透過設立內部結算中心達到集中使用資金的目的。

　　此外，內部結算中心還可以起到集團內部各企業間調劑餘缺的作用，即將一些分部暫時閒置的資金調劑給另一些資金不足的分部，使集團資金發揮更大的效益。集中使用資金的另一個目的是確保集團整體利益最大化的實現。

集團總部透過集中使用資金，一方面可控制各分部對集團整體不利的投資項目，另一方面又可以充足的資金保證有利投資項目的順利實施。集中使用資金有助於確保集團企業整體利益最大化目標的實現。

(3)調整分部現金流量

集團總部為了整體利益必須人為地控制各分部的現金流入和流出量。這種控制除前述資金的集中籌集和集中使用外，更常用和有效的方法是制定對總部最佳的轉移價格。總部為分部之間的勞務和產品交易制定內部轉移價格，可以使各分部現金淨流量發生很大變化。集團總部可透過轉移價格調節各分部的收益，縮小集團內的不平衡，確保各分部的生產經營活動能正常進行，消除集團內的諸種矛盾，這樣可以有效地刺激低收益分部的積極性，從而保證了集團整體利益的順利實現。

2.集團企業的現金流收支模式

在集權體制的集團企業中，子公司或控股公司負責現金收款業務，但所有的付款必須由控股公司負責，存在著兩種集權收支模式：

(1)模式一：子公司和控股公司分別負責收款和付款業務

在這一模式下，控股公司控制的每個子公司都有一個銀行帳戶。每個子公司都可以給它的客戶開發票並將收到的款項存入銀行。然而所有的付款，包括大額開支和日常零星開支的審批權力，均由控投公司財務經理、財務總監行使。供應商將發票交給子公司確認，確認後的發票送交控股公司，經控股公司審批程序後，從子公司的帳戶中撥付。在這種模式中，現金流

量的職責分別由子公司和控股公司承擔，即子公司負責收款，控股公司負責付款。控股公司和子公司在收付款業務中的分工如圖 11-1 所示：

這種模式的優點是：

①可以激發子公司收款的積極性，促使子公司及時、足額地向客戶收取賬款。

②可以保證控股公司對子公司現金付款業務的有效控制。

缺點是：

①無法發揮子公司在付款控制方面的作用。

②該模式在現金支付環節上會對子公司的日常經營運轉造成負面影響。

圖 11-1 收付款分工圖（模式一）

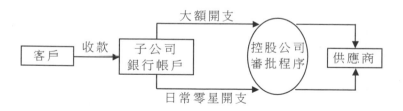

(2)模式二：控股公司負責所有的收款和付款業務

在這一模式下，控股公司負責所有的收款和付款業務，現金流量全部由控股公司負責。子公司不單獨設立銀行帳戶，一切收入直接進入控股公司的銀行帳戶，一切現金支出都透過控股公司審批程序，從控股公司銀行帳戶中對外付出。控股公司和子公司在收付款業務中的分工如圖 11-2 所示：

圖 11-2　收付款分工圖（模式二）

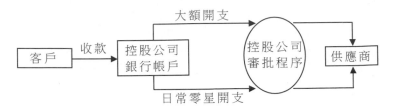

這種模式的優點是：

① 有助於集團實現全面收支平衡，提高現金的流轉效率。

② 減少資金的沉澱，控制現金的流出。

缺點是：

① 子公司不負責收款，不利於激發子公司收款的積極性。

② 影響子公司經營的靈活性，以致降低集團經營活動和財務活動的效率。

心得欄

第 *12* 章

企業要多少現金才合適

))) 第一節　企業現金持有量無法把握的原因

　　營運資金持有量的多少，就是在收益和風險之間進行權衡，那麼企業持有多少現金量才是比較合適的呢？

　　企業持有現金的目的是為了滿足日常生產經營的需要，其用途主要是滿足交易性需要、預防性需要和投機性需要三方面。

　　交易性需要是指企業主要用於滿足日常經營業務的需要而持有的現金量，如購買材料費用、支付職工薪酬、繳納各種稅款等。

　　預防性需要是指企業用於意外緊急事項而應備留的資金，投機性需要是指企業用於有利可圖的機遇性投資，如購買價格有利的證券等。

　　企業持有現金的餘額必須適當，因為如果企業持有現金量太少的話，一方面難以應付日常業務開支的需要，還會坐失良好的商機，甚至會影響到企業的信譽；另一方面，持有現金過多的話，就

會降低企業的收益水準。因此，企業應確定合理的現金持有量，使現金收支在數量上和時間上都要相互銜接好，以保證企業生產經營活動所需要的資金，並且儘量減少企業閒置的現金數量以提高資金的收益率，從而提高企業的收益水準。

現金最佳持有量是指現金既能滿足生產經營的需要，又使現金的使用效率和效益最高時的持有量。但在實際工作中，很多企業現金持有量不夠科學、合理，難以把握好，主要在以下幾方面：

1.現金管理制度不健全，內部監督不到位

⑴企業過分注重資金使用的方便性，從而大量結存現金而忽視了現金的利用效率。

⑵很多企業都是實行「一隻筆」模式，財務人員對現金管理缺乏主動性，沒有履行好自己的職責，從而增加了主管隨意支配的機會，加大了現金的庫存量。

2.金融機構結算方式不靈活，服務不到位

⑴銀行結算管理方面存在很多環節，從而影響了其工作效率，致使結算時間長、資金佔壓多。

⑵金融機構節、假日只對私不對公辦理業務，企業無法在金融營業網點辦理轉賬業務，從而給企業帶來了工作上的不便，使得企業只好通過現金來結算，從而增加了企業對現金的需求量。

3.結算手段跟不上企業需要的步伐

⑴如支票只能在同城使用，而且使用支票採購時，供貨方一般會在資金收妥後才會發貨，這必將影響到企業的生產、佔用了企業的資金，有些企業寧願使用現金支付，這又增加了企業對現金的需求量。

⑵在快速發展的市場經濟條件下，結算手段落後、結算方式不

靈活，從而造成現金支出量大增。

◀))) 第二節　企業最佳現金持有量

公司保留多少現金才是最佳呢？

這裏介紹的確定最佳現金餘額的模型，和我們即將看到的存貨管理模型非常相似。其實，正是威廉‧鮑莫爾發現了現金餘額和存貨有許多相似之處，於是將存貨管理方法應用到現金管理當中，才有了現金餘額的存貨模型。

⑴機會成本。公司不得不持有一定量的現金，但是持有現金就意味著放棄了其他投資機會可能帶來的收益，這個代價就是持有現金的機會成本。很容易理解，機會成本與現金持有額成正比，也就是說，現金持有額越大，機會成本越高。

⑵管理成本。公司在現金本身管理相關的花費，例如安全設施的建造、相關人工費用等。管理成本是一種固定費用，在一定的範圍內，與現金持有額之間沒有直接的關係。

⑶短缺成本。公司由於現金持有不足，不能滿足現金支出需求時，公司會蒙受相當大的損失。這個損失與現金持有量成反比，也就是說，現金持有額越大，短缺成本越小。

看圖 12-1，我們已經知道機會成本、管理成本和短缺成本與持有現金餘額之間的關係，就能夠得出總成本和持有現金餘額的關係，最佳現金餘額就是總成本最小時的現金餘額。

圖 12-1 現金與成本的關係

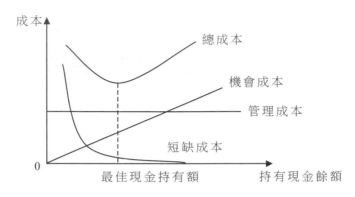

第三節 現金持有量的計算方法

一、現金週轉法

企業要採用一定的方法找到一個最佳現金持有量,這一現金持有量既能滿足流動性要求,又能滿足盈利性的期望。常用的確定最佳現金持有量的方法主要有現金週轉法、因素分析法、成本分析法、存貨模式和隨機模式。

現金週轉法是指根據現金的週轉速度來確定最佳現金持有量的方法。

1. 現金週轉期

現金週轉期是指從現金投入生產經營開始到最終轉化為現金的過程,現金週轉期一般要經過三個週轉期,即存貨週轉期、應收賬款週轉期、應付賬款週轉期。三個週轉期是循環往復的,這三個

週轉期的期限如表 12-1 所示。

表 12-1　現金週轉期的期限

存貨週轉期	把原材料轉化成產成品並出售所需要的時間。
應收賬款週轉期	把應收賬款轉換成現金所耗費的時間，即從產品銷售到現金收回的時間。
應付賬款週轉期	從收到尚未支付貨款的材料開始到現金支出所花費的時間。

現金週轉期的計算公式：

現金週轉期＝存貨週轉期＋應收賬款週轉期－應付賬款週轉期

2.最佳現金持有量的計算

在現金週轉期法下，最佳現金持有量的計算公式如下：

最佳現金持有量＝企業年現金需求最總額÷360 天×現金週轉期

企業預計 2009 共需現金 1440 萬元，預計計劃本年存貨週轉期為 130 天，應收賬款週轉期為 85 天，應付賬款週轉期為 75 天，企業 2009 年最佳現金持有量是多少？

現金週轉期＝130＋85－75＝140（天）

最佳現金持有量＝1440÷360×140＝560（萬元）

由於在實際工作中，存貨週轉期由企業生產設備水準、生產技術水準和生活管理水準決定；應收賬款週轉期由企業收款政策決定；應付賬款週轉期由原材料的市場供求關係和企業的信用水準以及與供應商的關係決定。由於這些數據變化不定，在實際工作中不好掌控，因此，現金週轉法用於預測最佳現金持有量在實際工作中難度很大。

- 269 -

二、因素分析法

因素分析法是根據企業上年現金實際佔用額以及本年有關因素的變動情況，對不合理的現金佔用進行調整，從而確定最佳現金持有量的一種方法。這種方法實用性強、簡便易行。通常現金持有量與企業的業務量是正比關係，即業務量增加的同時，現金需求量也會增加，因此因素分析法的計算公式可如下：

最佳現金持有量＝（上年現金平均佔用額－不合理佔用額）

×（1±預計業務量變動百分比）

大成企業 2008 年現金實際平均日佔用額為 30000 元，其中不合理的現金佔用額為 3000 元。2009 年預計企業銷售額可比上年增長 25%。要求利用因素分析法確定該公司 2009 年的最佳現金持有量。

企業 2009 年的最佳現金持有量為：

最佳現金持有量＝（30000－3000）×（1＋25%）＝33750（元）

三、成本分析法

成本分析法是根據現金有關成本分析、預測其總成本最低時現金持有量的一種方法。

由於運用成本分析法來確定現金最佳持有量時，只考慮因持有一定量的現金而產生的機會成本及短缺成本，而不予考慮管理費用和轉換成本。這種方法下，最佳現金持有量就是持有現金而產生的機會成本與短缺成本之和最小時的現金持有量。在成本分析法下應

分析以下三項成本。

　　企業綜合考慮機會成本、管理成本和短缺成本，這三者之和最小者就是企業應選取的最佳現金持有量。

1.機會成本

　　企業因經營業務的需要而需要佔用一定數量的現金，這種佔用是有代價的，這種代價就是它的機會成本，現金持有量越多，機會成本就越大。

2.管理成本

　　企業現金的保管是需要花費一定的人力和物力的，這就構成了現金的管理成本，它是一種固定成本，與現金持有量的多少沒有明顯的比例關係。

3.短缺成本

　　企業因缺少必要的現金而沒有能力支付正常的業務開支，而導致企業蒙受損失或為此付出的代價就是現金的短缺成本。

　　在成本分析法下來確定現金的最佳持有量，可分為兩個步驟，如圖 12-2 所示。

圖 12-2　選擇現金最佳持有量的方法

　　某企業關於 2009 年最佳現金持有量的選擇共有四套方案，有關成本資料如表 12-2 所示。

表 12-2　備選方案成本資料組成表

項目	第一套方案	第二套方案	第三套方案	第四套方案
現金持有量	200000	300000	400000	500000
機會成本率	10%	10%	10%	10%
管理成本	5000	5000	5000	5000
短缺成本	80000	50000	20000	15000

根據表 12-2 採用成本分析法來編制企業最佳現金持有量測算表，如表 12-3 所示。

表 12-3　最佳現金持有量測算表

備選方案	現金持有量	機會成本	管理成本	短缺成本	成本之和
第一套方案	200000	20000(200000×10%)	5000	80000	105000
第二套方案	300000	30000(300000×10%)	5000	50000	85000
第三套方案	400000	40000(400000×10%)	5000	20000	65000
第四套方案	500000	50000(500000×10%)	5000	15000	70000

從上表可以看出，第三套方案的總成本最低，因此，該企業 2009 年的最佳持有量為 65000 元。

四、存貨模式

存貨模式是根據存貨控制中進貨批量模式的基本原理，通過分析現金持有量的影響因素而進行的。

在存貨模式下，能夠使現金管理的持有成本與轉換成本之和保持最低的現金持有量就是最佳現金持有量。這裏所說的成本是指企

業因保留一定的現金餘額而增加的管理成本及喪失的再投資收
益，其中，因為現金佔有量而影響其進行有價證券投資所產生的機
會成本，這與現金持有量的多少有著密切的關係，現金持有量越
大，機會成本就會越高，現金持有量越少，機會成本就越低。機會
成本屬於變動成本，而管理成本與現金持有量的多少一般關係不
大，因此，計算最佳現金持有量的持有成本實際上是計算其機會成
本。

　　只有現金支出比較穩定的企業才能使用存貨模式，因為該模式
是建立在未來現金流量穩定均衡且呈週期性變化的基礎之上，因
此，運用存貨模式來確定企業的最佳現金持有量應該在以下基本前
提之上，如表 12-4 所示。

表 12-4　確定最佳現金持有量的基本前提

確定最佳現金持有量的基本前提	企業需要的現金是可以通過證券變現取得的，且證券變現的不確定性較小。
	預算期內所需要現金總量的預測是可預算到的。
	現金支出金額可以預見，且當現金餘額不足時可以通過部份證券變現來彌補。
	證券的利率、報酬率是在企業掌握之下的，且每次固定性交易費用也是可以預算到的。

　　存貨模式的基本原理是把現金的機會成本與轉換成本進行比
較，以求得兩者相加的總成本最低的現金餘額，從而選擇一個最佳
現金持有量。

　　現金最佳持有量的總成本＝機會成本＋轉換成本

　　機會成本＝最佳現金持有量÷2×有價證券利率

轉換成本＝現金總需求量÷2×每次轉換有價證券的固定成本

從上面的計算公式中可以看出，當持有現金的機會成本與證券變現的交易成本相等時即可得出最佳現金持有量，其計算公式為：

$$最佳現金持有量\ (Q)=\sqrt{\frac{2TF}{K}}$$

式中，T 為一個週期內現金總需求量；F 為每次轉換有價證券的固定成本；Q 為最佳現金持有量（每次證券變現的數量）；K 為有價證券利息率（機會成本）。

假設企業預計 2009 年現金需求量為 3000 元，現金與有價券的轉換成本為 200 元，有價證券的利息率為 30%，那麼 2009 年最佳現金持有量是多少？

$$最佳現金持有量\ (Q)=\sqrt{\frac{2TF}{K}}$$
$$=\sqrt{2\times3000\times200}\ /30\%$$
$$=2\ 000(元)$$

五、隨機模式

隨機模式法是在現金需求量難以預測的情況下進行現金最佳持有量控制的方法。對企業來講，現金需求量往往波動較大又無法準確預測，在這種情況下，企業可以根據歷史經驗和現實需要，測算出一個現金持有量的控制範圍，即制定出現金持有量的上限和下限，將現金持有量控制在上下限之內。當現金量達到控制上限時，用現金購入有價證券，使現金持有量下降；當現金量降到控制下限時，則拋售有價證券換回現金，使現金持有量回升。若現金量在控制的上下限之內，便不必進行現金與有價證券的轉換，保持它們各

自的現有存量。

　　隨機模式的基本原理是制定現金持有量的最高點與最低點，隨
機模式圖可用圖 12-3 表示：

圖 12-3　隨機模式圖

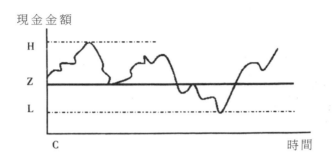

　　H 為上限，L 為下限，Z 為目標控制線。現金餘額升至 H 時，
可購進(H-Z)的有價證券，使現金餘額回落到 Z 線；現金餘額降至
L 時，可賣出(Z-L)的有價證券使現金餘額上升到 Z 的最佳水準。

　　從圖 12-3 可以看出，當餘額接近上限時，應減少現金持有；
降到下限時，應增加現金持有。但由於隨機模式建立在企業現金需
求總量和收支不可預測的情況下，因而計算出來的現金持有量比較
保守。

第四節　欠缺多少週轉資金

一、檢討重點在於應收債權、存貨及應付債務

運轉資金必須根據五項原則來運作。在考慮運轉資金時，更重要的是要先掌握自己公司的運轉資金形態，亦即根據營業額及往來條件的變化，充分檢討公司需要多少運轉資金。經營上最重要的運轉資金就是淨值運轉資金。

因此，就讓我們進一步研究具體內容吧！此時的重點項目在於「應收債權」、「存貨」及「應付債務」。

首先，先從公司的決算表中整理出如表 12-5 所示的「運轉資金表」，從這張表中可掌握以下幾點事項：

表 12-5　運轉資金表

科目		金額	月營業額比	科目		金額	月營業額比
應收債權	應收票據		＿＿＿個月	應付債務	應付票據		＿＿＿個月
	貼現‧背書轉讓支票		＿＿＿個月		應付帳款		＿＿＿個月
	應收帳款		＿＿＿個月				
存貨	製品‧商品		＿＿＿個月	合　計			＿＿＿個月
	半成品		＿＿＿個月				
	原材料		＿＿＿個月	淨值運轉資金			＿＿＿個月
合　計			＿＿＿個月				

備註：(1)月營業額比的計算公式為：

　　　金額÷月平均營業額(年度營業額/12) ＝＿＿＿＿個月

　　(2)必須將貼現‧背書轉讓之票據計算在內。

1. 公司內部現有運轉資金的狀態。

2. 必需的淨值運轉資金額度。

3. 運轉資金的運用與調度之餘額。

4. 屬帳外資產的貼現票據及背書轉讓票據之金額，及其所佔比例。

5. 借著與過去決算表的比較及其它同業間的比較，找出公司運轉資金的問題點，以及今後所需注意的重要課題。

換言之，可具體分析出下列三種運轉資金的傾向：

⑴應收債權過多的傾向。

⑵存貨過多的傾向。

⑶應付債務過少的傾向。

歸納這些結果，就可掌握實際運轉資金不足的大致原因了。

二、營業額成長所需的運轉資金，不足部份有多少

在一般公司中，應收債權及存貨金額通常都較應付債務為多，故實際運轉資金一定會有不足的現象，但這裏所要探討的則是，到底不夠「多少」的問題。

請參照圖 12-4 的資產負債表。比較 3 月 31 日與 4 月 30 日的運轉資金，此範例中的淨值運轉資金如下：

· 上月淨值運轉資金——305

· 本月淨值運轉資金——340

· 淨值運轉資金下足額——35

意即在這一個月裏，淨值運轉資金不夠 35；讓我們再進一步

考慮造成不足的原因。

圖 12-4　審查運轉資金不足的原因

```
                  Y 公司的資產負債表
          本月(4.30 現在)   上月(3.31 現在)
應收票據      100              70  ⎤
應收帳款       90              80  ⎦ 應收債權的增加額 40

商品          30              40  ⎤
製品          70              90  ⎥
原材料       100              80  ⎥ 存貨的增加額      10
半成品        60              40  ⎦
合計         450             400                    50

應付票據       90              80  ⎤
應付帳款       20              15  ⎦ 應收債權的增加額 15
合計         110              95                    15

淨值運轉資金 340             305   運轉資金的不足額 35
```

⬇

```
Check1    因營業額增加而導致資金不足的金額為多少？
Check2    應收債權增加的原因在那些客戶身上？
Check3    調查每件商品、產品等存貨增加的原因。
```

①由於應收債權的增加而導致可用資金的減少──40。

②由於存貨的增加而導致可用資金的減少──10。

③由於應付債務的增加而使可用資金隨之增加──15。

其間的關係可用下列計算公式表示：

運轉資金的不足額＝(應收債權的增加額＋存貨的增加額)

　　　　　　　　　　－應付債務的增加

　　　　　　　＝(40＋10)－15＝35

接下來要留意的是，營業額增加時，淨值運轉資金的不足額佔

增加額的多少比率？假設上月的營業額為 1200，本月的營業額 1320，則得知：

- ・ 營業額的增加額——120
- ・ 淨值運轉資金的不足額——35
- ・ 其比率約為 30%

換句話說，A 公司的營業額每增加 1000 萬，就會有 300 萬的資金不足現象發生，所以必須於事前擬好籌措 300 萬資金的對策。

三、零庫存的現金買賣是最理想的方式

不能說每一家公司都必定會發生淨值運轉資金不足的現象。當然，有些公司甚至屬於淨值運轉資金過剩的形態。若問何種公司屬於此一資金形態時，其中之一就是現金買賣的公司。

電力公司或是百貨公司、超級市場、家庭式餐館等行業幾乎都是現金買賣，所以不會發生應收債權。尤其是電力公司連存貨也沒有，更不會為週轉資金所苦。

另外一種就是無存貨的公司，也就是無店鋪銷售及沒有商品的買賣，例如通信業及服務業等不需存貨就可做生意，故這類行業對於運轉資金的負擔較少。以前常聽人說：「每天都有現金收入的公司」及「沒有存貨的公司」是很好的公司，其原因就在此。

◀))) 第五節 （案例）資金不足，危機四伏

　　大通企業公司 2009 年年底召開業務檢討計劃會議時，會計部張經理提出了 2008 年有關資產負債表與損益表的資料如下所示，供與會人員參考。

表 12-6　資產負債資料

單位：千元

現　　金	7000
應收賬款/票據	15000
存　　貨	65000
廠房及設備	20000
應付賬款/票據	16500
應計所得稅	1800
累計折舊	4300
股東權益	20000

表 12-7　損益資料

銷　　貨	75000
銷貨成本	52000
購　　貨	35000
折舊費用	2500
純　　利	2000

表 12-8　損益比較表

	2008 年	2009 年
銷　　貨	75000	82500
銷貨成本	52000	57200
毛　　利	23000	25300
折　　舊	2500	2500
銷管費用	18500	19425
純　　利	2000	3375

張經理在報告說：72 年純利率為 2.67%，毛利率為 30.67%，一切均在計劃中，可謂差強人意。

又據各部室主管研商，2007 年的銷售及其成本成長率將達 10%，除折舊費用外，其他費用將比 2008 年多出 5%。因此純利率將由 2008 年的 2.67% 上升到 2009 年的 4.03%。

以上報告及 2009 年營業計劃，恭請總經理及董事長決裁。張經理報告完畢後坐下。

董事長高興地聽了報告，笑咪咪地說：太好了，太好了，公司明年如果能達 4% 以上淨利，自然撥出淨利的 25% 作為員工獎勵。不過 2009 年既然銷售要成長 10%，那期末存貨將會是多少呢？大家要小心，不要囤太多庫存。

採購課陳課長聽到有獎賞，馬上跳起來說：預計存貨為 1500 萬元。

總經理接著又問到：根據營業計劃細則內記載，2009 年應計所得稅餘額為零。且營業部有意將應收賬款放寬為 90 天，同時，我們的協力廠商亦要求購貨驗收後 60 天付現。那麼依照本

公司的慣例，公司內部隨時要保存 500 萬的現金餘額，那麼到底公司的資金夠不夠使用，請張經理說明一下。

張經理一聽，心想為何如此粗心，竟然把這麼重大的事情忘掉，於是趕忙走到黑板前，執起粉筆說明：

2009 年公司可用現金有 2008 年底現金結餘 700 萬元，2008 年底應收賬款於 2009 年收現為 1500 萬元，銷貨收入為 8200 萬元，但其中有 2625 萬元未能收現，再扣除公司習慣保留 500 萬現金，故可用現金共計 7325 萬。

其中未收現的 2625 萬來源為因應應收賬款擬放寬為 90 天，因此其應收賬款週轉率則為每年 4 次，即 $82500000 \div [(15000000 + X) \div 2]$。

又由期初存貨加進貨減期末存貨分析銷貨成本的公式中，我們可計得 2009 年進貨共 6570 萬。因為進貨改成 60 天付現，所以平均起來 2009 年的進貨中有 5/6 的貨款需於 2009 年付現，共 5475 萬。再加上 2008 年應付賬/票據需於 2009 年付現共 1650 萬，2008 年應計所得稅付現共 180 萬，2009 年本身費用為 19425000 元，故總共現金支出為 92475000 元。

現金收支相抵，2009 年公司現金將不足 19225000 元，此事很抱歉，一時疏忽忘掉記載於細則中。

不報告還好，這一報告，只見董事長與總經理同時呈現愁容，不足的金額太大了。

現金預算是營業計劃中非常重要的一部份。經驗上說來，很多企業常因欠缺資金預算而無法展開營業，或阻礙業務成長，有的甚或造成週轉不靈。

第 *13* 章

應收賬款拖久必變

應收賬款越積越多，應收賬款收不回來，對企業到底有何影響？大量的應收賬款存在，是否會拖垮一個企業？

◀))) 第一節　解讀應收賬款

銷售收入再多，也得看收回款項。管理好應收賬款，有利於加快資金週轉，提高資金使用效率，也有利於防範經營風險，減少或降低企業的壞賬損失，維護企業利益，促進企業效益的提高。

應收賬款是指企業因銷售商品、提供勞務等，應向購貨單位或接受勞務單位收取的款項。應收賬款代表企業能獲得的未來現金流入。與貨幣資金、存貨相比，應收賬款一般佔企業流動資產的比例較大，對企業經營風險的影響程度也很大，有時會直接影響企業經營資金的週轉，造成經營困難。管理好應收賬款，有利於加快資金

週轉,提高資金使用效率,也有利於防範經營風險,減少或降低企業的壞賬損失,維護企業利益,促進效益的提高。

1. 應收賬款客觀存在的原因

⑴由商業競爭產生的。在市場條件下,企業之間競爭激烈,除了依靠產品品質、價格、廣告、服務等手段擴大銷售外,賒銷也是企業擴大銷售的重要措施之一,於是就產生了應收賬款。

⑵由貨款結算時間引起的。商品成交時間和收到貨款的時間往往差異較大,這是產生應收賬款的另一個重要原因。企業的很多貨款結算是非現金交易,需要時間,結算的手段越落後,所需的時間就越長,企業只能承擔這種自然形成的延遲。但由此造成的應收賬款不屬於商業信用問題,且將隨著結算手段的改進而逐步減少。

2. 應收賬款的成本

企業存在應收賬款是有成本支出的,主要包括以下幾點。

⑴機會成本。企業資金如果不被應收賬款佔用,就可用於其他投資,從而取得一定的收益。這種因應收賬款而放棄其他投資所導致的收入減少,就是應收賬款的機會成本。

⑵管理成本。應收賬款的管理成本主要包括以下幾點。

①客戶信用狀況調查的費用。

②收集各種信息的費用。

③應收賬款的核算費用。

④應收賬款的收款費用。

⑤其他管理費用。

⑶壞賬損失成本。由於各種原因,應收賬款總有一部份不能收回,這就是壞賬損失成本。

3.應收賬款存在的利弊

企業持有應收賬款，既有利，也有弊。

⑴有利於企業的方面。應收賬款在企業生產經營中的有利作用主要有以下幾點。

①擴大銷售規模。在市場競爭十分激烈的環境下，為了擴大銷售規模和市場佔有率，獲取更多的利潤，企業一般都採用賒銷的方式。

②開拓新市場或增強市場競爭力。企業為開拓新市場或增強市場競爭力，一般都採用較優惠的信用條件進行銷售，使其成為一種工具來幫助增加市場佔有率。

③減少庫存及費用。季節性生產企業在銷售淡季時一般產成品積壓較多，企業為此要增加管理費、財產稅和保險費等成本；相反，企業持有應收賬款則無需支付上述費用。因此季節性生產企業在淡季一般都採用較為優惠的信用條件進行銷售，以便把存貨轉化為應收賬款，降低各種費用支出。

瞭解了應收賬款在企業生產經營中的作用，就不會為了提高收賬比例而一味地採取現金銷售的方式，從某種角度來說也有利於企業經營業績的提高。

⑵不利於企業的方面。

①現金短缺。若應收賬款佔營業收入的比例過大，即使企業盈利，也可能會發生現金短缺，嚴重時甚至會導致企業的破產。

②負債增加。應收賬款管理不善，可能導致企業的應付票據和應付賬款等流動負債不能及時償還，使企業的流動負債增加而短期清償能力不足。

③壞賬率提高。如果對方不能履行承諾，引起應收賬款拖欠甚

至產生壞賬，就會影響資金週轉，給企業帶來損失。

應收賬款是一把「雙刃劍」，企業在用它增加銷售收入時，經常會面臨一種兩難處境：採用寬鬆的信用條件來擴大銷售，可能會導致應收賬款數額居高不下，企業的資金被長期無效益地佔用，嚴重影響企業的償債能力；實行嚴格的信用政策，擴大現金銷售在全部銷售收入中的比重，則可能會導致銷售額下降，企業業績下滑，存貨數額過高和市場佔有率下降，以至於使企業無力償還銀行貸款而面臨破產的風險。

總之，企業要權衡利弊，加強應收賬款的管理。

4.應收賬款管理的目的和內容

⑴應收賬款的管理目的。對於企業來說，應收賬款的存在本身就是一個產銷統一體，企業一方面想借助它來促進銷售，增強競爭力，另一方面又要儘量避免由於應收賬款而產生成本或壞賬損失等，減小企業的經營風險。因此，企業要制訂科學合理的應收賬款信用政策，並在採用這種信用政策所增加的銷售盈利和預計要擔負的成本之間做出權衡。只有當所增加的銷售盈利超過所增加的成本時，才能實施和推行這種信用政策。應收賬款管理的主要目的是節約使用資金，在充分發揮應收賬款功能的基礎上降低應收賬款產生的成本。

⑵應收賬款的管理內容。應收賬款管理包括對企業未來的銷售前景和市場情況做出預測和判斷，以及對應收賬款安全性的調查。應收賬款管理的重點就是根據企業的實際經營情況和客戶的信譽情況制訂合理的信用政策，這是企業財務管理的一個重要組成部份。如企業銷售前景良好，應收賬款安全性高，則可進一步放寬收款信用政策，擴大賒銷量，以獲取更大的利潤；相反，則應相應嚴

格地執行信用政策，或針對不同客戶的信用程度進行適當調整，確保企業在獲取最大收入的情況下，使風險盡可能地降到最低。

⑶應收賬款的價值。應收賬款的價值由以下 3 個部份組成。

①客戶所欠的名義金額。

②由於預計一些應收賬款不能收回，因此必須減少名義金額，也就是計提壞賬準備。

③應收賬款的成本，即以資金的時間價值和投資可收回並可能產生的利潤，對應收賬款產生的期望值進行貼現，並應除去管理成本。

🔊))) 第二節　應收賬款管理不善的弊端

應收賬款作為企業的一項資產，代表著企業的債權，體現著企業未來的現金流入；作為一種信用結算方式，應收賬款又是企業為了擴大市場佔有率，常常大量運用的商業信用方式。

應收賬款如果處在一個正常期限內，客戶的經營和資產情況正常，是企業可以接受的；但如果應收賬款管理不善，超過了預先設定的安全期仍未收回，那麼應收款項就真的成了洪水猛獸，甚至有可能導致企業破產倒閉。

應收賬款管理不善主要存在以下 5 個弊端：

1. 加速現金流出

賒銷雖然能使企業產生較多的利潤，但是並未真正使企業現金流入增加，反而使企業不得不運用有限的流動資金來墊付各種稅金和費用，加速了企業的現金流出，主要表現為：

(1)企業流轉稅的支出。

應收賬款帶來銷售收入，並未實際收到現金，流轉稅是以銷售為計算依據的，企業必須按時以現金交納。企業交納的流轉稅如增值稅、營業稅、消費稅、資源稅以及城市維護建設稅等，必然會隨著銷售收入的增加而增加。

(2)所得稅的支出。

應收賬款產生了利潤，但並未以現金實現，而交納所得稅必須按時以現金支付。

(3)現金利潤的分配，也同樣存在這樣的問題。

另外，應收賬款的管理成本、應收賬款的回收成本都會加速企業現金流出。

2.誇大了企業經營成果，增加了企業的風險成本

企業實行的記賬基礎是權責發生制，發生的當期賒銷全部記入當期收入。因此，企業賬上利潤的增加並不表示能如期實現現金流入。會計制度要求企業按照應收賬款餘額的百分比來提取壞賬準備，壞賬準備率一般為 3%～5%(特殊企業除外)。如果實際發生的壞賬損失超過提取的壞賬準備，會給企業帶來很大的損失。因此。企業應收款的大量存在，虛增了賬面上的銷售收入，在一定程度上誇大了企業經營成果，增加了企業的風險成本。

3.降低了企業的資金使用效率，使企業效益下降

由於企業的物流與資金流不一致，發出商品，開出銷售發票，貨款卻不能同步回收，而銷售已告成立，這種沒有貨款回籠的入賬銷售收入，勢必產生沒有現金流入的銷售業務損益產生、銷售稅金上繳及年內所得稅預繳，如果涉及跨年度銷售收入導致的應收賬款，則可產生企業流動資產墊付股東年度分紅的現象，久而久之必

將影響企業資金的週轉，進而導致企業經營實際狀況被掩蓋，影響企業生產計劃、銷售計劃等，無法實現既定的效益目標。

4.增加了應收賬款管理過程中的出錯概率

企業面對龐雜的應收款賬戶，核算差錯難以及時發現，不能及時瞭解應收款動態情況以及應收款對方企業詳情，造成責任不明確，應收賬款的合約、承諾、審批手續等資料的散落、遺失有可能使企業已發生的應收賬款該按時收的不能按時收回，該全部收回的只有部份收回，能通過法律手段收回的，卻由於資料不全而不能收回。直至到最終形成企業單位資產的損失。

5.對企業營業週期有影響

營業週期即從取得存貨到銷售存貨，並收回現金為止的這段時間，營業週期的長短取決於存貨週轉天數和應收賬款週轉天數，營業週期為兩者之和。由此看出，不合理的應收賬款的存在，使營業週期延長，影響了企業資金循環，使大量的流動資金沉澱在非生產環節上，致使企業現金短缺，影響薪資的發放和原材料的購買，嚴重影響了企業正常的生產經營。

◀))) 第三節　傳統應收賬款管理的偏失

應收賬款管理對企業來說是性命攸關的。在美國有一項調查表明，約有一半企業的破產發生在實現最高銷售額後的 1 年之內。其原因很簡單，大多數企業在早期都有一個高速增長時期，通常需要將大量資金用於庫存和應收賬款，而一旦銷售沒能有效實現，即應收賬款累積過大、無法及時收回，企業便會遭遇現金流危機。如果

企業再缺乏良好的融資能力，那麼現金流危機便會轉化為生存危機了。

一些企業受傳統應收賬款管理模式的影響，「三角債」和相互拖欠貨款的現象十分嚴重，壞賬損失率很高。現階段企業平均賒銷率不足 20%，但壞賬損失率卻高達 5%。傳統應收賬款管理的弊端暴露無遺，這說明它已經不適應時代的發展，企業必須有所創新。

企業傳統應收賬款管理主要存在以下弊端：

⑴應收賬款管理明顯滯後，風險防範意識淡薄。企業只著眼於擴大銷售，提高業績，造成應收賬款管理責任的「真空」。應收賬款居高不下，市場秩序混亂。

市場競爭日益激烈，使銷售部門在企業中的地位日益提高，尤其是在那些產品大量積壓的企業。但有時銷售部門只追求銷售業績，不重視銷售回款，再加上企業沒有嚴格的賒銷審批制度，隨意給予客戶優惠的付款條件，結果造成日後應收賬款回收困難，產生大量的長期掛賬，大大加長了營業週期，降低了資金的使用效率。

⑵設立專門的應收賬款管理部門。一些企業為了改變應收賬款無人負責的局面，將收賬款責任劃歸給銷售部門，這種現象在企業實行銷售承包或銷售買斷制的情況下尤為普遍。如果沒有科學、合理的薪酬考核機制，一旦增加銷售帶來的業績激勵超過應收賬款增加所帶來的風險，那麼可能會導致銷售部門「逆向選擇」，給企業帶來更大的風險。

另外從職能角度看，銷售部門以業績為導向，其主要職責是開拓市場，應收賬款的管理具有很強的專業性，銷售部門很難出色地完成任務。有些企業將應收賬款管理的責任劃歸到財務部門，這更是管理上權責不分的表現。財務部門是進行財務管理的，其內容主

要是對企業融資、投資和分配活動的統籌規劃和安排。由財務部門來管理應收賬款，一方面會導致銷售部門置風險於不顧，片面擴大銷售，從而激化和財務部門的矛盾，導致企業內部紛爭不斷；另一方面財務部門由於未能掌握客戶的信用資料，無法對每筆應收賬款的風險狀況做出準確的評價和判斷，同時也沒有很多的時間和精力來從事賬款的回收工作。

(3)不注重成本分析，未遵循成本效益原則。應收賬款管理最基本的要求是收入大於成本，這樣的賒銷才是有利的。賒銷可以實現銷售收入的增長，但與之相關的成本也會相應增加，這就要求企業必須全面計算與之相關的付現成本和機會成本。不僅是賒銷程度和方式必須符合邊際收入大於邊際成本的要求，對於逾期應收賬款的收回，也必須滿足收入大於成本的效益性。

企業進行賒銷時一般不進行各種賒銷方案的對比研究；在採取收款方案時也不進行各種收款方案的對比分析，只要能收回貨款就行。應收賬款的管理基本上還是粗放式的，還沒有真正確立成本效益的原則。

針對傳統應收賬款管理的偏失，企業可以建立一個獨立的信用管理部門進行風險的預防，但僅僅預防是遠遠不夠的。一方面，信用審查畢竟是對客戶未來還款能力和意願的一種主觀判斷，另一方面，客戶本身的經營也存在諸多不確定因素，其還款能力和意願也時常發生變化，因此對交易所產生的應收賬款進行體系化管理是非常必要的。所謂體系化管理包括：賬款回收的責任管理、賬款的時間管理、定期的賬齡分析、賬款的催收程序、委託第三方（律師或收賬代理）處理的程序等。

第四節　應收賬款的日常有效管理

賒銷是企業常用的銷售政策，其最大的問題就是應收貨款有可能收不回來，從而產生巨大的財務風險，造成企業的資金不足、週轉困難、實際利潤降低，嚴重制約和威脅企業的生存和發展。可以從以下幾方面做好應收賬款的日常管理工作：

1.實施應收賬款的追蹤分析

應收賬款一旦形成，企業就必須考慮如何按期足額收回，為此，企業有必要在收款之前，對該項應收賬款進行追蹤分析。追蹤重點要放在賒銷商品的變現方面：企業要對客戶今後的經營情況、償付能力進行追蹤分析，及時瞭解客戶現金的持有量與調劑程度能否滿足兌現的需要。應將那些掛賬金額大、掛賬時間長、經營狀況差的客戶的欠款作為追蹤的重點，防患於未然。必要時可採取一些措施，如要求這些客戶提供擔保等來保證應收賬款的收回。

2.對現有應收賬款進行賬齡分析

一般而言，客戶逾期拖欠賬款時間越長，賬款催收的難度就越大，成為呆壞賬的可能性也就越高。企業必須要做好應收賬款的賬齡分析，密切注意應收賬款的回收進度和變化。

透過賬齡分析，財務管理部門可以掌握以下信息：有多少欠款尚在信用期內；有多少欠款已超過信用期；有多少應收賬款拖欠太久，可能會成為呆壞賬。

如果賬齡分析顯示企業的應收賬款賬齡開始延長或者過期賬款所佔的比例逐漸增加，那麼就必須及時估計壞賬損失率，並採取

措施，調整企業的信用政策，努力提高應收賬款的收現效率。對尚未到期的應收賬款，也不能放鬆監督，以防發生新的拖欠。

企業還可以依據賬齡分析，結合銷售合約，確立收款率和應收賬款餘額百分比，保證應收賬款的安全性。

3.制訂呆壞賬獎懲辦法

如果業務人員在一年中發生的呆、壞賬率較低的話，應對其進行獎勵，確保管理機制的執行效力。

對於企業來說，怎樣才能按部就班地進入執行程序呢？首先企業要做好以下 6 件事。

提高收款意識。不是說賣產品就是把產品送出倉庫，而要換一種思維來考慮。首先是賣了產品後，錢是否能收回來，要建立一種「全體員工都要知道錢要趕快收回來」的意識。

善於應用能兼顧行銷和收款的人才。能夠賣產品並能把錢收回來，才是真正的高手。在商界有這樣一句話：能行銷的只是徒弟，能把錢收回來的才是師傅。

設定明確的目標和執行策略，尤其是收款催賬。企業首先要做的是賺錢，其次就是將不賺錢的事停掉。一些賬款經常收不回來，是因為企業沒有明確收回來的目標：在什麼時候收回來，在這段時間要收回多少，這些都要有明確的要求。

⑷要制訂合理的信用管理流程。

⑸要建立獎懲機制，論功行賞。

⑹要強調執行時的紀律。

4.控制應收賬款的週轉率

在其他條件不變的情況下，應收賬款週轉速度越快，現金的週轉也越快。應收賬款週轉速度過慢，表明企業的應收賬款管理效果

不佳；應收賬款週轉速度過快，則意味著信用政策過於苛刻，可能使得企業喪失客戶，影響盈利。因此，企業的決策者應當將當前的應收賬款週轉率與目標值等進行橫向比較，為應收賬款的日常管理提供可靠的依據。

5.落實應收賬款收現保證率

企業為了保證當期必要的現金支出，必須要取得與之相匹配的現金流入。企業在既定會計期間的預期現金支付額扣除同期穩定可靠的現金流入額（包括可隨時支取的銀行存款、短期證券變現淨額等）後的差額，就要透過應收賬款的有效收現才能得以滿足。

可以這樣說，應收賬款未來的壞賬損失對企業的當前經營來說並非最為緊要，更關鍵的是現期實際到位的應收賬款要能夠填補同期的現金流量缺口，特別是要滿足具有剛性約束的納稅債務、薪資支付及償付不得延期的到期債務的需要。

6.建立應收賬款壞賬準備制度

不管企業採用多麼嚴格的信用政策，只要存在商業信用行為，壞賬損失總是不可避免的。一般來說，確定壞賬損失的標準主要有兩條：一是因債務人破產或死亡，對其破產財產或遺產清償後，仍不能收回的應收款項；二是債務人逾期未履行償債義務，且有明顯特徵表明無法收回的應收款項。企業的應收款項只要符合上述任何一個條件，均可作為壞賬損失處理。

由於壞賬損失無法避免，因此企業要遵循謹慎原則，對可能發生的壞賬損失預先進行估計，並建立彌補壞賬損失的準備制度，即按期提取壞賬準備。壞賬準備金的提取比率可由企業自行決定。

7.建立應收賬款責任制

企業可根據自身行業特點制訂計劃，每月、每兩個月或每季把

滯期超過 30 天、60 天和 90 天的應收賬款列出明細，製成表格轉給銷售負責人。具體的表格可這樣設置：明細項目後設兩欄，一欄留給銷售負責人對產生應收賬款的原因進行解釋，並列出相應的催款計劃；另一欄標明如果該批貨物還沒有完成銷售，銷售負責人應列明詳細的銷售計劃，怎樣把該批貨物最終銷售掉。如果一定期限（1 個月、2 個月、3 個月等）內計劃沒有完成，按涉及金額的一定比例對相關負責人進行處罰。這種做法可以防止銷售人員為了片面追求業績而盲目銷售，並在企業內部明確追討應收賬款不是財務人員而是銷售人員的責任。

同時，還可以制訂嚴格的資金回款考核制度，以實際收到的貨款總額作為銷售部門的考核指標，每個銷售人員必須對每筆銷售業務從簽訂合約到回收資金的全過程負責任，把銷售和回款聯繫在一起，有效地完成對應收賬款的管理。

第五節　改善應收賬款的有效途徑

企業的營業額很大，但若應收賬款數額也很大的話，那麼產生的現金淨流量就會很小。現階段許多企業中應收賬款佔流動資產的比例在 40%～50%之間，而且逾期一年以上的賬款佔有相當大的比重。回收這樣大比重的應收賬款，確實是管理中的「老大難」問題，速效式、捷徑式的辦法也不多，但它畢竟關係到企業的發展前途。為此，企業可以從以下幾方面入手。

1. 分期收回貨款

購貨方一次性付足貨款有一定困難，而企業又急需一部份資

金，這時採用這種方法。當然，分期收款金額通常比正常銷售要高一些。

2.提前貼現贖買

這種方式是應收賬款形成或逾期後，企業急需使用資金而客戶又無力償還或不願償還的情況下所採取的一種妥協贖買的方式。不論客戶是以自有資金還是向外籌借資金來償還貨款，企業均給予一定比例的貼現金額，以刺激對方積極付款，同時又滿足企業的資金需求。

3.應收賬款保理

應收賬款保理是指企業把賒銷形成的應收賬款有條件地轉讓給銀行，銀行為企業提供資金，並負責管理、催收應收賬款和壞賬擔保等業務，企業可借此收回資金，加快週轉。

4.以應收賬款作為抵押物進行融資

企業與貸款者訂立合約，以應收賬款作為擔保抵押品，在規定期限內向貸款者借取資金。如果在用作抵押品的應收賬款中有某一項賬款到期卻不能收回，貸款者有權向借款企業追索。在這種方式下，賬款仍由借款企業收取，收到的賬款必須如數償還給貸款者。這時借款企業要承擔或有負債的責任，並在資產負債表中用附注予以披露。

5.讓售應收賬款

讓售是企業將應收賬款出讓給貸款者藉以籌措資金的一種方法。企業可於商品發運前向貸款者申請借款，經貸款者同意，即可在商品發運後將應收賬款讓售給貸款者。貸款者根據發票金額，減去允許扣取的現金折扣、貸款者的佣金以及主要用以沖抵銷貨退回的扣款後，將餘額付給籌資企業。

6.折扣和應收賬款掛鉤

企業應收賬款不能按期收回，又急需現金，這時可以考慮給經銷商(客戶)一定的折扣，但打折銷售的產品一定要現款現貨，以達到緩解資金緊張的目的。折扣的比例也要掌握好，如果客戶能夠結清老賬，則可以把折扣適當加大，具體情況要根據與客戶的關係和客戶的行銷能力來判斷。

7.擴大訂貨量

如果客戶有欠款的習慣，而企業又無法割斷與它的業務往來，這時可以要求客戶擴大訂貨量，且其中大部份要求付現款。擴大訂貨量有兩個前提：一是擴大訂貨量以折扣為優惠條件，二是產品必須行銷。

8.生產適銷對路的產品

企業應在提高產品品質和服務品質上多下功夫，應採取先進的生產設備，聘用先進的技術人員，爭取以現銷的方式銷售產品。如果產品暢銷，供不應求，那麼應收賬款就會大幅度下降，甚至還會出現預收賬款。

第六節 應收賬款的管理技巧

1. 加強應收賬款的日常管理工作

公司在應收賬款的日常管理工作中，有些方面做得不夠細，例如，對用戶信用狀況的分析，賬齡分析表的編制等。具體來講，可以從以下幾方面做好應收賬款的日常管理工作：

(1)做好基礎記錄，瞭解用戶付款的及時程度

基礎記錄工作包括企業對用戶提供的信用條件，建立信用關係的日期，用戶付款的時間，目前欠款數額以及用戶信用等級變化等，企業只有掌握這些信息，才能及時採取相應的對策。

(2)檢查用戶是否突破信用額度

企業對用戶提供的每一筆賒銷業務，都要檢查是否有超過信用期限的記錄，並注意檢驗用戶所欠債務總額是否突破了信用額度。

(3)掌握用戶已過信用期限的債務

密切監控用戶已到期債務的增減動態，以便及時採取措施與用戶聯繫，提醒其儘快付款。

(4)分析應收賬款週轉率和平均收賬期

看流動資金是否處於正常水準，企業可通過該項指標，與以前實際、現在計劃及同行業相比，藉以評價應收賬款管理中的成績與不足，並修正信用條件。

(5)考察拒付狀況

考察應收賬款被拒付的百分比，即壞賬損失率，以決定企業信用政策是否應改變，如實際壞賬損失率大於或低於預計壞賬損失

率,企業必須看信用標準是否過於嚴格或太鬆,從而修正信用標準。

(6)編制賬齡分析表

檢查應收賬款的實際佔用天數,企業對其收回的監督,可通過編制賬齡分析表進行,據此瞭解,有多少欠款尚在信用期內,應及時監督;有多少欠款已超過信用期,計算出超時長短的款項各佔多少百分比;估計有多少欠款會造成壞賬,如有大部份超期,企業應檢查其信用政策。

2.加強應收賬款的事後管理

(1)確定合理的收賬程序

催收賬款的程序一般為:信函通知、傳真催收、派人面談、訴諸法律。在採取法律行動前應考慮成本效益原則,遇以下幾種情況則不必起訴:訴訟費用超過債務求償額;客戶抵押品折現可沖銷債務;客戶的債款額不大,起訴可能使企業運行受到損害;起訴後收回賬款的可能性有限。

(2)確定合理的討債方法

若客戶確實遇到暫時的困難,經努力可東山再起,企業幫助其渡過難關,以便收回賬款,一般做法為進行應收賬款債權重整:接受欠款戶按市價以低於債務額的非貨幣性資產予以抵償;修改債務條件,延長付款期,甚至減少本金,激勵其還款。如客戶已達到破產界限的情況,則應及時向法院起訴,以期在破產清算時得到部份清償。針對故意拖欠的討債。可供選擇的方法有:講理法;惻隱術法;疲勞戰法;激將法;軟硬術法。

3.應收賬款核算辦法和管理制度

加強公司內部的財務管理和監控,改善應收賬款核算辦法和管理制度,解決好公司與子公司間的賬款回收問題,下面從幾個方面

給出一些建議：

　　(1)加強管理與監控職能部門，按財務管理內部牽制原則

　　公司在財務部下設立財務監察小組，由財務總監配置專職會計人員，負責對行銷往來的核算和監控，對每一筆應收賬款都進行分析和核算，保證應收賬款賬賬相符，同時規範各經營環節要求和操作程序，使經營活動系統化規範化。

　　(2)改進內部核算辦法

　　針對不同的銷售業務，如公司與購貨經銷商直接的銷售業務，辦事處及銷售網站的銷售業務，公司供應部門和貿易公司與欠公司貨款往來單位發生的兌銷業務，產品退貨等，分別採用不同的核算方法與程序以示區別，並採取相應的管理對策。

　　(3)對應收賬款實行負責制和第一責任人制

　　誰經手的業務發生壞賬，無論責任人是否調離該公司，都要追究有關責任。同時對相關人員的責任進行了明確界定，並作為業績總結考評依據。

　　(4)定期或不定期對行銷網點進行巡視監察和內部審計

　　防範因管理不嚴而出現的挪用、貪污及資金體外循環等問題降低風險。

　　(5)建立健全公司機構內部監控制度

4.應收賬款風險的分析

　　在現代社會激烈的競爭機制下，企業為了擴大市場佔有率，不但要在成本、價格上下功夫，而且必須大量地運用商業信用促銷。

　　但是，某些企業的風險防範意識不強，為了擴銷，在事先未對付款人資信情況作深入調查的情況下，盲目地採用賒銷策略去爭奪市場，只重視賬面的高利潤，忽視了大量被客戶拖欠佔用的流動資

金能否及時收回的問題。

　　銷售人員為了個人利益，只關心銷售任務的完成，採取賒銷、回扣等手段強銷商品，使應收賬款大幅度上升，而對這部份應收賬款，企業未要求相關部門和經銷人員全權負責追款，導致應收賬款大量沉積下來，給企業經營背上了沉重的包袱。

　　企業信用政策制訂不合理，日常控制不規範，追討欠款工作不得力等因素都有可能導致自身蒙受風險和損失。

　　企業為防範債務人無限期地拖欠貨款，可採用以下 3 種措施。

(1)將應收賬款改為應收票據

　　由於應收票據具有更強的追索權。且到期前可以背書轉讓或貼現，在一定程度上能夠降低壞賬損失的風險，所以當客戶到期不能償還貨款時企業可要求客戶開出承兌匯票以抵銷應收賬款。

(2)應收賬款抵押與讓售

　　企業可通過抵押或讓售業務將應收賬款變現。應收賬款抵押是企業以應收賬款為擔保品，從各金融機構預先取得貨款，收到客戶支付欠款時再如數轉交給金融機構作為部份借款的歸還。但一旦客戶拒絕付款，金融機構有權向企業追索，企業必須清償全部借款。

　　應收賬款讓售是企業將應收賬款出售給從事此項業務的代理機構以取得資金，售出的應收賬款無追索權。客戶還款時直接支付給代理機構，一旦發生壞賬企業不須承擔任何責任。這項業務可以使企業將全部風險轉移。這在西方比較盛行。

　　某些金融機構可以對資信好的企業逐步建立這樣的金融業務，有利市場分工和健康發展。

(3)進行信用保險

　　雖然信用保險僅限於非正常損失，保險公司通常把保險金融限

制在一定的範圍內，要求被保企業承擔一部份壞賬損失，但是這種方式仍然可以把企業所不能預料的重大損失的風險轉移給保險公司，使應收賬款的損失率降至最低。

心得欄 _____

第 14 章

存貨影響資金流通

第一節　存貨管理的偏失

　　衡量存貨是多一點好，還少一點好？存貨管理的成本如何計算？企業應該如何走出存貨管理的偏失？

　　存貨，是指企業在日常活動中持有以備出售的產成品或商品，處在生產過程中的在產品，在生產過程或提供勞務過程中耗用的材料和物料等。

　　如果企業能在生產投料時隨時購入所需的原材料，或者企業能在銷售時隨時購入該項商品，就不需要存貨。但實際上，企業總有儲存存貨的需要，並因此佔用資金。

1. 誤認庫存管理就是倉庫管理

　　庫存管理水準的高低影響到資金週轉的快慢，因此直接決定了一個企業的命脈。

　　然而，很不幸的是，直到目前為止，一提起「庫存管理」，很

多人就想當然地認為這是一個「倉庫管理」的問題，如先進先出，庫位擺放，賬卡物一致等等。應該承認，這些都是庫存管理中必不可缺的一些重要環節。然而，真正的庫存管理實際是應該體現在庫存的計劃與風險管理之中，而不是通常所說的「倉庫管理」。

庫存的計劃主要體現在如下幾個方面：

(1)庫存資金的計劃

從財務對現金流的管理角度講，企業需要根據銷售預測以及現有的積壓庫存情況來預測每個財務週期需要多少週轉資金來採購原材料以支撐銷售。這個對採購資金的預測與計算過程就是一個庫存資金的計劃過程。

(2)庫存管理的風險計劃

如何設置合理的庫存？怎麼知道現有的庫存是合理的？即使所謂的合理，如達到了財務庫存週轉的目的，庫存就沒有風險了嗎？庫存風險的比例有多大？這些都是庫存管理的風險計劃問題。

(3)庫存的結構計劃

不同的物料由於其本身的屬性，如採購提前期，單台(片)用量，價格，損耗等不一樣；另外由於不同的物料用於不同的產品，還可能公用於幾種產品等，這決定了不同物料的庫存策略應該是不一樣的，這都屬於庫存的結構計劃問題。

2.只單純運用期末庫存平均值計算庫存週轉率

什麼叫庫存週轉率呢？傳統的財務定義是很清楚的：庫存週轉率等於銷售的物料成本除以平均庫存。這裏的平均庫存通常是指各個財務週期期末各個點的庫存的平均值。有些公司取每個財務季底的庫存平均值，有的是取每個月底的庫存平均值。很簡單的演算，如某製造公司在 2003 年一季的銷售物料成本為 200 萬元，其

季初的庫存價值為 30 萬元，該季底的庫存價值為 50 萬元，那麼其庫存週轉率為 200/(30＋50)/2＝5 次。相當於該企業用平均 40 萬元的現金在一個季裏面週轉了 5 次，賺了 5 次利潤。照此計算，如果每季平均銷售物料成本不變，每季底的庫存平均值也不變，那麼該企業的年庫存週轉率就變為 200×4/40＝20 次。就相當於該企業一年用 40 萬元的現金轉了 20 次利潤，多好的生意！

　　而實際上，稍有常識的人都會知道，幾乎每家企業，每天的庫存都是變化不定的，單純運用期末庫存平均值的演算法顯然是不對的，至少是不公平的。

3.一味拼命控制「庫存」

　　庫存控制不力會給企業帶來高額成本，製造業的企業平均庫存成本佔庫存產品總價值的 30%～35%，這個比例是相當高的。於是乎，為完成公司的庫存週轉率的目標，每到月底/季底，幾乎所有的與庫存控制有關的人，包括各大財務部門，都在拼命地「控制」庫存，即使那些人們熟知的國際大公司也不例外。期末低的那個點對他們簡直太重要了，於是，各種怪招頻出，什麼樣的都有，大體不外乎如下幾種：

　　⑴讓貨運代理遭點兒罪，能壓的貨物一律壓在貨運代理的倉庫裏，甚至是壓在路上，飛機、輪船、汽車、火車上到處都是貨物，只要是不進我的倉庫就行。因為一般公司的做法是在計算庫存週轉率時，以實際收到的並且入了賬(系統)的庫存為準。至於說那些以 CIF 到目的地為交貨條款的供應商，對不起了，先等幾天吧！你是我的供應商，你能不聽我的？至於那些以 FOB/FCA 出廠地交貨的供應商的付款，沒關係，那是下個月的事情了。

　　⑵物到了倉庫不入系統，只要不入系統，財務睜一隻眼閉一隻

眼，也就過去了——大家這個時候是一條繩上的螞蚱，庫存價值太高，大家都不好看。

⑶期末底大出貨，跟客戶/分銷商打好招呼，幫個忙，先把能發的貨發走再說。

其實，真正的庫存控制更應該是在平常。

自「9·11」事件以來，美國航空業就被破產、裁員等壞消息所籠罩。美國合眾國航空公司也申請破產保護，其餘幾家大型航空公司也因巨額虧損走到了懸崖邊緣。然而美國西南航空公司卻創下了連續 29 年贏利的業界奇蹟。

美國媒體曾廣泛宣傳和讚揚過關國西南航空公司這樣的航班紀錄：8 時 12 分。飛機搭上登機橋，2 分鐘後第一位旅客開始下機，同時第一件行李卸下前艙；8 時 15 分，第一件始發行李從後艙裝機；8 時 18 分，行李裝卸完畢，旅客開始分組登機；8 時 29 分，飛機離開登機橋開始滑行；8 時 33 分，飛機升空。兩班飛機的起降，用時僅為 21 分鐘。但鮮為人知的是，這個紀錄實際上卻遭到了西南航空總部的批評。因為飛機停場時間比計劃長了將近 2 分鐘。

西南航空專門算過：如果每個航班節省在地面時間 5 分鐘，每架飛機就能每天增加一個飛行小時。正如西南航空的創始人赫伯特·凱勒爾的名言：「飛機要在天上才能賺錢。」三十多年來，西南航空用各種方法使他們的飛機盡可能長時間地在天上飛。

與「國內線、短航程」的基本策略相配合，西南航空公司全部採用波音 737 飛機。由於機型單一，所有飛行員隨時可以駕駛本公司的任何一架飛機，每一位空乘人員都熟悉任何一架飛機上的設備，因此，機組的出勤率、互換率以及機組配備率都始終處於最佳態。另外，全公司只需要一個維修廠、一個航材庫，一種維修人

員培訓和單一機型空勤培訓學校，從而始終處於其他任何大型航空公司不可比擬的高效率、低成本經營狀態。

高速轉場是提高飛機使用效率的另一重要因素。人們經常可以看到西南航空的飛行員滿頭大汗地幫助裝卸行李；管理人員在第一線參加營運的每一個環節。另外，西南航空把飛機當公共汽車，不設頭等艙和公務艙，從不實行「對號入座」，而是鼓勵乘客先到先坐。這就使得西南航空的登機等候時間確實要比其他各大航空公司短半個小時左右，而等候領取托運行李的時間也要快 10 分鐘。這樣，西南航空的飛機日利用率 30 年來一直名列全美航空公司之首，每架飛機一天平均有 12 小時在天上飛。

正是西南航空的高效才使得其成本遠遠領先對手，才使得這家公司「基業常青」。才使得這家公司敢於向整個運輸行業挑戰——「我們不但能與任何航空公司競爭，而且我們還敢向地面上跑的長途大巴士叫陣。」

◀)) 第二節　減少存貨的方法

1. 存貨週轉率

存貨週轉率法是存貨管理中的一個有用方法。存貨週轉率指在某一個固定期間，已出售產品的成本除以存貨持有量。它表示在這一期間企業的存貨週轉了幾次。其計算公式如下：

存貨週轉率＝銷貨成本/存貨平均餘額

存貨週轉率越高，說明企業存貨的變現能力越強，資產管理水準越高。

　　存貨的週轉速度還可用存貨週轉天數這個指標來反映。這個指標反映的是企業存貨每完成一次週轉所需要的天數。存貨週轉天數計算公式如下：

$$存貨週轉天數＝360/存貨週轉率$$

$$＝存貨平均餘額/銷貨成本×360$$

　　存貨週轉天數越少，說明存貨變現能力越強，流動資金的利用效率也就越高。

　　應該注意的是，在上述計算中，存貨平均餘額是根據年初存貨數和年末存貨數平均計算出來的。由於存貨受各種因素的影響，全年各月份的餘額必然有波動。這樣，按每月月末的存貨餘額來計算全年存貨的平均餘額顯然較上述方法得出的結果要準確一些。

　　正因如此，銷售業特別重視存貨週轉率。走在大街上，人們經常會看到冬季還沒真正過去，而冬季服裝大拍賣的招牌就已經鋪天蓋地，在報紙上也常會看到這類廣告。像這樣的大拍賣銷售法，看起來似乎是損失，其實不然。如果等到明年的同一季節，雖然銷售能得二成，或二成半的利益，但是在明年同一季之前，資金就被凍結了，這是要考慮的一點。如果冬季末大拍賣時以成本銷售，仍可用獲得的資金購買春季服裝來銷售，再利用這些銷售所得的資金，買夏季服裝來銷售。假設春服、夏服各賺兩成，也就是以同樣的資金賺了四成。但假如將資金閒置一年，就會使資金週轉困難，同時，也將失去賺錢的機會。

　　通過存貨週轉率指標，可以檢查庫存量是否恰當。如果資金週轉次數多，利用的比例高，則表示資金週轉好，銷售順利。但若比例過高就要加以注意了，因為，這表示庫存量少，在銷售時會發生問題。企業對存貨週轉率的考察，最好結合 ABC 分析法，對不同類

別的存貨分別計算週轉率，消除零週轉存貨，根據各類不同存貨的不同要求，制定更有利於財務節約、更有利於管理的週轉率。

2.存貨的 ABC 管理法

ABC 分析法是存貨管理中一個很有用的方法。這種方法是基於這樣一個原理：只佔存貨種類一小部份（例如 20%）的存貨，通常代表全部存貨價值的很大比重（例如 80%）。所以，這種方法也被稱為 80：20 法則。ABC 分析法就是根據存貨的重要程度，把存貨分成 A、B、C 三類，分別不同情況加以控制的一種方法。這種方法的道理很簡單，就是為了做出商業判斷，與其對所有種類的存貨付出同等精力進行分析，不如首先考察具有較少數量的第一類存貨，這一類存貨在全部存貨中的價值比重最大；其次再考察第二類存貨；最後才考察第三類存貨。對於一個大企業而言，常有成千上萬種存貨項目，在這些項目中，有的價格昂貴，有的不值幾文，有的數量龐大，有的寥寥無幾。如果不分主次，面面俱到，對每種存貨都進行週密規劃、嚴格控制，就抓不住重點，不能有效地控制主要存貨所佔用的資金。ABC 控制法正是針對這種情況而提出來的重點管理方法。

對 ABC 分析法，小企業的財務人員可能比較陌生，不知從何做起。最簡單的辦法就是要懂得 80：20 法則，找出代表 80%成本那部份的 20%的存貨，記住這些存貨的特性。因為這些存貨代表公司存貨的最大部份，理應先受到重視。掌握了這些信息，財務主管就可以和採購、工程、生產部門的負責人一起，確定更有效地採購和庫存這些原材料的方法。這是執行 ABC 分析法的一條捷徑，是能使企業很快取得明顯效益的第一步。

第二步，把正在製造的每個產品中所有零件分解開，然後不管零件是自製的，還是外購的，根據其成本進行分類，分成三大組：

A 類、B 類和 C 類。最貴的零件列入 A 類，中等價格的列入 B 類，因此，進入 C 類的是所有剩下來的價格較低的零件。每一類應列出每個部件的成本。在決定一個部件是不是 A 類、B 類或 C 類部件時，應採用單價而不是總值。例如，如果一個企業要使用 200 萬隻螺絲釘，每只價值 0.03 元，儘管企業為此支出的總數達到 6 萬元，但每只螺絲釘也只能依其單價列入 C 類產品。這種方法我們可以通過表 14-1 來加以說明。

表 14-1　A、B、C 類產品價格

類別	單價(元)	數量(件)	數量比例(%)	金額(元)	金額比例(%)
A	25～50	87		3262.50	
	50～100	27		2025	
	100～250	3		525	
	300	2		600	
小計	25～300	119	9.80%	6412.50	80.48%
B	1.50～2.00	90		157.50	
	2.00～5.00	75		262.50	
	5.00～10.00	65		487.50	
	10.00～25.00	25		437.50	
小計	1～25	255	21%	1345	16.88%
C	0.01～0.05	230		6.90	
	0.05～0.10	310		23.25	
	0.25～0.50	120		45	
	0.50～1.00	180		135	
小計	0.01～1.00	840	69.20%	210.15	2.64%
總計		1214	100%	7967.65	100%

　　總的部件存貨數量為 1214 件，其中價值超過 25 元的，只有
119 個，這些部件是 A 類部件；B 類部件 255 個，價值在 1～25 元
之間；C 類部件 840 個，但價值都在 1 元以下，大量的零件價格較
低。C 類存貨雖然價值低，但其佔總數近 70%，A 類存貨雖只佔總
數近 10%，但價值最大。

　　應該指出的是，任何一個企業對存貨的 A、B、C 類分解都是與
其他企業有差別的。上例中，單價 25 元以上的部件列為 A 類。在
另一個企業。可能 5 元以上單價的部件就應該被列入 A 類了，這取
決於企業產品及部件的構成情況。還有一些企業，B 類部件全部取
消，只區分 A 類和 C 類。另有一些企業對價格昂貴的部件用特殊的
「A＋」類和「AA」類。A 類部件由於價值量大，容易佔壓資金，
所以必須加速週轉，不能放在倉庫裏閒置。而 C 類部件由於量大而
價值小，並不會攔死大量資金，可以一年採購一兩次即可。

　　在 ABC 分析法的運用中，對 A 類和 AA 類部件來說，庫存量必
須保持在最少程度。對這些部件必須進行嚴密的管理，每天需作詳
細記錄。對其採購可採取一攬子合約方式，由供應商不斷地按計劃
向公司發貨。如果一年 12 次按月需要量到貨，在理論上，存貨週
轉率是一年 24 次。

　　對 B 類存貨，應結合 A 類和 C 類的管理特性。對 B 類部件的
需求應納入年度預測中，並且每季根據庫存的使用量核對年度預
測。庫存量必須保持在平均水準，管理記錄必須反映進出的整個過
程以及庫存餘額，一般跟蹤即可。對於 B 類部件，應要求供應商按
月或按季發貨，如果可能的話，則應要求按季發貨。採購部門必須
盡力按經濟批量購買，並應週期性檢查訂購次數。

　　對於 C 類部件，除非供應充足，否則，一旦供應緊張會造成企

業所需部件最多數量、最多品種的短缺和最嚴重的時間浪費。為避免這些問題的發生，應採取大量購買的方式。C 類部件多存一些並無壞處，佔壓資金量也較少。而且，採購部門大量訂貨，可以使自己在與供應商打交道時處於有利地位，可以通過談判取得最低價格，如果一年訂購一次 C 類部件，年週轉率為兩次，則佔投資比例很少。

◀))) 第三節　倉庫裏的學問

　　存貨在公司的採購—生產—銷售過程中，起了決定性的作用。可以說，存貨對於大部份公司而言是必需品。顯而易見，未完工的汽車必須在裝配線上，輸送中的石油必須裝滿輸油管道。在另一種情況下，存貨是保險儲備，在採購—生產—銷售過程中的幾個時點上是必需的。如果客戶想買糖果，而雜貨店沒有，雜貨店就無法銷售；同樣的，如果生產缺少用量很少、但非常關鍵的原材料，整個生產就可能停止。

　　我們先來看看存貨成本由那幾部份構成。

　　⑴進貨成本。進貨成本主要由貨物進價成本和進貨費用兩部份組成。在進貨總量不變的情況下，無論分多少次進貨，進價成本通常是不變的。而進貨費用則包括貨物運費、保險費和採購人員的差旅費和薪資等，進貨費用中的大部份費用隨進貨次數的增加而增加。

　　⑵儲存成本。這部份成本是持有存貨發生的成本。和現金一，存貨是必需的，沒有它公司就無法正常運轉；同樣和現金一樣，

公司儲備存貨也有相當的機會成本。此外，儲備存貨本身還有儲備成本，包括存貨的倉儲費用、保險費和存貨的合理損耗。儲存成本通常和存貨儲存量成正比例變化。

⑶缺貨成本。存貨不足給公司造成的損失可能會很大，缺貨成本包括存貨不足給公司造成的停工損失、延遲發貨給公司造成的信譽損失以及失去銷貨機會的損失等。

存貨總成本＝進貨費用＋儲存成本＋缺貨成本

可以看到，進貨費用隨訂貨批量的增加而減少，這是因為每次的進貨批量增加，那麼總進貨量一定的情況下，進貨次數就減少，而進貨費用和進貨次數成正比例變化，進貨費用也就減少。

第四節　（案例）戴爾電腦的存貨流通

在企業生產中，庫存是由於無法預測未來需求變化，而又要保持不間斷的生產經營活動必須配置的資源。但是，過量的庫存會誘發企業管理中諸多問題，例如資金週轉慢、產品積壓等。因此很多企業往往認為，如果在採購、生產、物流、銷售等經營活動中能夠實現零庫存，企業管理中的大部份問題就會隨之解決，零庫存便成了生產企業管理中一個不懈追求的目標。

如此看來庫存顯然成了一個包袱。目前條件下，任何一個單獨的企業要向市場供貨都不可能實現零庫存。通常所謂的「零庫存」只是節點企業的零庫存，而從整個供應鏈的角度來說，產品從供應商到製造商最終達到銷售商，庫存並沒有消失，只是由一方轉移到另一方。成本和風險也沒有消失，而是隨庫存

在企業間的轉移而轉移。

戴爾電腦的「零庫存」也是基於供應商的「零距離」之上的。假設戴爾的零件來源於全球四個市場，美國市場20%，中國市場30%，日本市場30%和歐盟市場20%，然後在香港基地進行組裝後銷售全球。那麼，從美國市場的供應商A到達香港基地，空運至少10小時，海運至少25天；從中國市場供應商B到達香港基地公路運輸至少2天；從日本市場供應商C到達香港基地。空運至少4小時，海運至少2天；從歐盟市場供應商D到達香港，空運至少7小時，海運至少10天。若要保持戴爾在香港組裝基地電子器件的零庫存，則供應商在香港基地必須建立倉庫，或自建或租賃，來保持一定的元器件庫存量。供應商則承擔了戴爾製造公司庫存的風險，而且還要求戴爾製造公司與供應商之間要有及時的、頻繁的信息溝通與業務協調行為。

由此，戴爾製造公司與供應商之間可能存在著兩種庫存管理模式：

⑴戴爾製造公司在香港的基地有自己的存儲庫存。該模式要求香港基地的庫存管理由戴爾製造公司自行負責。一旦缺貨，即通知供應商4小時內送貨入庫。供應商要能及時供貨必須也要建立倉庫，從而導致供應商和企業雙重設庫降低了整個供應鏈的資源利用率，也增加了製造商的成本。

⑵戴爾製造公司在香港的製造基地不設倉庫，由供應商直接根據生產製造過程中物品消耗的進度來管理庫存。例如採用準時制物流，精細物流組織模式。

該模式中的配送中心可以是四方供應商合建的，也可以和

香港基地的第三方物流商合作。此時，供應商完全瞭解電腦組裝廠的生產進度、日產量，不知不覺地參與到戴爾製造廠的生產經營活動之中，但也承擔著零件庫存的風險。尤其在 PC 行業，原材料價格每星期下降 1%。而且，供應商至少要保持二級庫存，即原材料採購庫存和面向製造商所在地香港進行配送業務而必須保持的庫存。面對「降低庫存」這一令人頭痛的問題，供應商實際上處在被動「挨宰」的地位。

在這種情況下，對供應商而言，所謂的戰略合作夥伴關係以及與戴爾的雙贏都是很難實現的。在供應商——製造商——銷售商這根鏈條中，如果只有製造商實現了最大利益，而其他兩方都受損，這樣的鏈條必定解體。因為各供應商為了自身的生存，必然擴展自己新的供貨合作夥伴，如對宏基電腦、聯想電腦製造商供貨，擴大在香港配送基地的市場業務覆蓋範圍。供應商這種業務擴展策略就會降低戴爾電腦產品的市場競爭力。很顯然，當幾家電腦製造商都用相同的電腦元件組裝時，各企業很難形成自身的產品優勢，而且還有洩漏製造企業商業秘密的危險。這種缺乏共興共榮機制的供應鏈關係，也必然給製造商埋下隱患。

臺灣的核心競爭力，就在這裏！

圖書出版目錄

憲業企管顧問（集團）公司為企業界提供診斷、輔導、培訓等專項工作。下列圖書是由臺灣的憲業企管顧問（集團）公司所出版，自 1993 年秉持專業立場，特別注重實務應用，50 餘位顧問師為企業界提供最專業的經營管理類圖書。

選購企管書，敬請認明品牌：憲業企管公司。

1. 傳播書香社會，直接向本出版社購買，一律 9 折優惠，郵遞費用由本公司負擔。服務電話(02) 27622241　(03) 9310960　　傳真(03) 9310961
2. 付款方式：請將書款轉帳到我公司下列的銀行帳戶。
   - 銀行名稱：合作金庫銀行（敦南分行）　帳號：5034-717-347447
   公司名稱：憲業企管顧問有限公司
   - 郵局劃撥號碼：18410591　郵局劃撥戶名：憲業企管顧問公司
3. 圖書出版資料每週隨時更新，請見網站 www.bookstore99.com

經營顧問叢書

25	王永慶的經營管理	360 元	122	熱愛工作	360 元
47	營業部門推銷技巧	390 元	125	部門經營計劃工作	360 元
52	堅持一定成功	360 元	129	邁克爾·波特的戰略智慧	360 元
56	對準目標	360 元	130	如何制定企業經營戰略	360 元
60	寶潔品牌操作手冊	360 元	135	成敗關鍵的談判技巧	360 元
72	傳銷致富	360 元	137	生產部門、行銷部門績效考核手冊	360 元
78	財務經理手冊	360 元	139	行銷機能診斷	360 元
79	財務診斷技巧	360 元	140	企業如何節流	360 元
86	企劃管理制度化	360 元	141	責任	360 元
91	汽車販賣技巧大公開	360 元	142	企業接棒人	360 元
	企業收款管理	360 元	144	企業的外包操作管理	360 元
	幹部決定執行力	360 元			

--------------► 各書詳細內容資料，請見：www.bookstore99.com------------►

269	如何改善企業組織績效（增訂二版）	360 元
270	低調才是大智慧	360 元
272	主管必備的授權技巧	360 元
275	主管如何激勵部屬	360 元
276	輕鬆擁有幽默口才	360 元
277	各部門年度計劃工作（增訂二版）	360 元
278	面試主考官工作實務	360 元
279	總經理重點工作（增訂二版）	360 元
282	如何提高市場佔有率（增訂二版）	360 元
283	財務部流程規範化管理（增訂二版）	360 元
284	時間管理手冊	360 元
285	人事經理操作手冊（增訂二版）	360 元
286	贏得競爭優勢的模仿戰略	360 元
287	電話推銷培訓教材（增訂三版）	360 元
288	贏在細節管理（增訂二版）	360 元
289	企業識別系統 CIS（增訂二版）	360 元
290	部門主管手冊（增訂五版）	360 元
291	財務查帳技巧（增訂二版）	360 元
292	商業簡報技巧	360 元
293	業務員疑難雜症與對策（增訂二版）	360 元
294	內部控制規範手冊	360 元
295	哈佛領導力課程	360 元
296	如何診斷企業財務狀況	360 元
297	營業部轄區管理規範工具書	360 元
298	售後服務手冊	360 元
299	業績倍增的銷售技巧	400 元
300	行政部流程規範化管理（增訂二版）	400 元
302	行銷部流程規範化管理（增訂二版）	400 元
	人力資源部流程規範化管理（增訂四版）	420 元
304	生產部流程規範化管理（增訂二版）	400 元
305	績效考核手冊(增訂二版)	400 元
306	經銷商管理手冊(增訂四版)	420 元
307	招聘作業規範手冊	420 元
308	喬·吉拉德銷售智慧	400 元
309	商品鋪貨規範工具書	400 元
310	企業併購案例精華(增訂二版)	420 元
311	客戶抱怨手冊	400 元
312	如何撰寫職位說明書(增訂二版)	400 元
313	總務部門重點工作（增訂三版）	400 元
314	客戶拒絕就是銷售成功的開始	400 元
315	如何選人、育人、用人、留人、辭人	400 元
316	危機管理案例精華	400 元
317	節約的都是利潤	400 元
318	企業盈利模式	400 元
319	應收帳款的管理與催收	420 元
320	總經理手冊	420 元
321	新產品銷售一定成功	420 元
322	銷售獎勵辦法	420 元
323	財務主管工作手冊	420 元
324	降低人力成本	420 元
325	企業如何制度化	420 元
326	終端零售店管理手冊	420 元
327	客戶管理應用技巧	420 元
328	如何撰寫商業計畫書（增訂二版）	420 元
329	利潤中心制度運作技巧	420 元
330	企業要注重現金流	420 元

《商店叢書》

18	店員推銷技巧	360 元
30	特許連鎖業經營技巧	360 元
35	商店標準操作流程	360 元
36	商店導購口才專業培訓	360 元
37	速食店操作手冊〈增訂二版〉	360 元

38	網路商店創業手冊〈增訂二版〉	360 元		20	如何推動提案制度	380 元
40	商店診斷實務	360 元		24	六西格瑪管理手冊	380 元
41	店鋪商品管理手冊	360 元		30	生產績效診斷與評估	380 元
42	店員操作手冊（增訂三版）	360 元		32	如何藉助 IE 提升業績	380 元
44	店長如何提升業績〈增訂二版〉	360 元		38	目視管理操作技巧(增訂二版)	380 元
45	向肯德基學習連鎖經營〈增訂二版〉	360 元		46	降低生產成本	380 元
				47	物流配送績效管理	380 元
47	賣場如何經營會員制俱樂部	360 元		51	透視流程改善技巧	380 元
48	賣場銷量神奇交叉分析	360 元		55	企業標準化的創建與推動	380 元
49	商場促銷法寶	360 元		56	精細化生產管理	380 元
53	餐飲業工作規範	360 元		57	品質管制手法〈增訂二版〉	380 元
54	有效的店員銷售技巧	360 元		58	如何改善生產績效〈增訂二版〉	380 元
55	如何開創連鎖體系〈增訂三版〉	360 元		68	打造一流的生產作業廠區	380 元
56	開一家穩賺不賠的網路商店	360 元		70	如何控制不良品〈增訂二版〉	380 元
57	連鎖業開店複製流程	360 元		71	全面消除生產浪費	380 元
58	商舖業績提升技巧	360 元		72	現場工程改善應用手冊	380 元
59	店員工作規範（增訂二版）	400 元		77	確保新產品開發成功（增訂四版）	380 元
60	連鎖業加盟合約	400 元		79	6S 管理運作技巧	380 元
61	架設強大的連鎖總部	400 元		83	品管部經理操作規範〈增訂二版〉	380 元
62	餐飲業經營技巧	400 元		84	供應商管理手冊	380 元
63	連鎖店操作手冊(增訂五版)	420 元		85	採購管理工作細則〈增訂二版〉	380 元
64	賣場管理督導手冊	420 元		87	物料管理控制實務〈增訂二版〉	380 元
65	連鎖店督導師手冊（增訂二版）	420 元		88	豐田現場管理技巧	380 元
67	店長數據化管理技巧	420 元		89	生產現場管理實戰案例〈增訂三版〉	380 元
68	開店創業手冊〈增訂四版〉	420 元		92	生產主管操作手冊(增訂五版)	420 元
69	連鎖業商品開發與物流配送	420 元		93	機器設備維護管理工具書	420 元
70	連鎖業加盟招商與培訓作法	420 元		94	如何解決工廠問題	420 元
71	金牌店員內部培訓手冊	420 元		96	生產訂單運作方式與變更管理	420 元
72	如何撰寫連鎖業營運手冊〈增訂三版〉	420 元		97	商品管理流程控制(增訂四版)	420 元
73	店長操作手冊（增訂七版）	420 元		99	如何管理倉庫〈增訂八版〉	420 元
74	連鎖企業如何取得投資公司注入資金	420 元		100	部門績效考核的量化管理（增訂六版）	420 元

《工廠叢書》

				101	如何預防採購舞弊	420 元
15	工廠設備維護手冊	380 元		102	生產主管工作技巧	420
16	品管圈活動指南	380 元				
17	品管圈推動實務	380 元				

103	工廠管理標準作業流程〈增訂三版〉	420 元
104	採購談判與議價技巧〈增訂三版〉	420 元
105	生產計劃的規劃與執行（增訂二版）	420 元
106	採購管理實務〈增訂七版〉	420 元
107	如何推動 5S 管理（增訂六版）	420 元

《醫學保健叢書》

1	9 週加強免疫能力	320 元
3	如何克服失眠	320 元
4	美麗肌膚有妙方	320 元
5	減肥瘦身一定成功	360 元
6	輕鬆懷孕手冊	360 元
7	育兒保健手冊	360 元
8	輕鬆坐月子	360 元
11	排毒養生方法	360 元
13	排除體內毒素	360 元
14	排除便秘困擾	360 元
15	維生素保健全書	360 元
16	腎臟病患者的治療與保健	360 元
17	肝病患者的治療與保健	360 元
18	糖尿病患者的治療與保健	360 元
19	高血壓患者的治療與保健	360 元
22	給老爸老媽的保健全書	360 元
23	如何降低高血壓	360 元
24	如何治療糖尿病	360 元
25	如何降低膽固醇	360 元
26	人體器官使用說明書	360 元
27	這樣喝水最健康	360 元
28	輕鬆排毒方法	360 元
29	中醫養生手冊	360 元
30	孕婦手冊	360 元
31	育兒手冊	360 元
32	幾千年的中醫養生方法	360 元
34	糖尿病治療全書	360 元
35	活到 120 歲的飲食方法	360 元
36	7 天克服便秘	360 元
37	為長壽做準備	360 元
39	拒絕三高有方法	360 元

40	一定要懷孕	360 元
41	提高免疫力可抵抗癌症	360 元
42	生男生女有技巧〈增訂三版〉	360 元

《培訓叢書》

11	培訓師的現場培訓技巧	360 元
12	培訓師的演講技巧	360 元
15	戶外培訓活動實施技巧	360 元
17	針對部門主管的培訓遊戲	360 元
21	培訓部門經理操作手冊（增訂三版）	360 元
23	培訓部門流程規範化管理	360 元
24	領導技巧培訓遊戲	360 元
26	提升服務品質培訓遊戲	360 元
27	執行能力培訓遊戲	360 元
28	企業如何培訓內部講師	360 元
29	培訓師手冊（增訂五版）	420 元
30	團隊合作培訓遊戲(增訂三版)	420 元
31	激勵員工培訓遊戲	420 元
32	企業培訓活動的破冰遊戲（增訂二版）	420 元
33	解決問題能力培訓遊戲	420 元
34	情商管理培訓遊戲	420 元
35	企業培訓遊戲大全(增訂四版)	420 元
36	銷售部門培訓遊戲綜合本	420 元
37	溝通能力培訓遊戲	420 元

《傳銷叢書》

4	傳銷致富	360 元
5	傳銷培訓課程	360 元
10	頂尖傳銷術	360 元
12	現在輪到你成功	350 元
13	鑽石傳銷商培訓手冊	350 元
14	傳銷皇帝的激勵技巧	360 元
15	傳銷皇帝的溝通技巧	360 元
19	傳銷分享會運作範例	360 元
20	傳銷成功技巧（增訂五版）	400 元
21	傳銷領袖（增訂二版）	400 元
22	傳銷話術	400 元
23	如何傳銷邀約	400 元

《幼兒培育叢書》

1	如何培育傑出子女	360 元

2	培育財富子女	360 元
3	如何激發孩子的學習潛能	360 元
4	鼓勵孩子	360 元
5	別溺愛孩子	360 元
6	孩子考第一名	360 元
7	父母要如何與孩子溝通	360 元
8	父母要如何培養孩子的好習慣	360 元
9	父母要如何激發孩子學習潛能	360 元
10	如何讓孩子變得堅強自信	360 元

《成功叢書》

1	猶太富翁經商智慧	360 元
2	致富鑽石法則	360 元
3	發現財富密碼	360 元

《企業傳記叢書》

1	零售巨人沃爾瑪	360 元
2	大型企業失敗啟示錄	360 元
3	企業併購始祖洛克菲勒	360 元
4	透視戴爾經營技巧	360 元
5	亞馬遜網路書店傳奇	360 元
6	動物智慧的企業競爭啟示	320 元
7	CEO 拯救企業	360 元
8	世界首富　宜家王國	360 元
9	航空巨人波音傳奇	360 元
10	傳媒併購大亨	360 元

《智慧叢書》

1	禪的智慧	360 元
2	生活禪	360 元
3	易經的智慧	360 元
4	禪的管理大智慧	360 元
5	改變命運的人生智慧	360 元
6	如何吸取中庸智慧	360 元
7	如何吸取老子智慧	360 元
8	如何吸取易經智慧	360 元
9	經濟大崩潰	360 元
10	有趣的生活經濟學	360 元
11	低調才是大智慧	360 元

《DIY 叢書》

1	居家節約竅門 DIY	360 元
2	愛護汽車 DIY	360 元
3	現代居家風水 DIY	360 元
4	居家收納整理 DIY	360 元
5	廚房竅門 DIY	360 元
6	家庭裝修 DIY	360 元
7	省油大作戰	360 元

《財務管理叢書》

1	如何編制部門年度預算	360 元
2	財務查帳技巧	360 元
3	財務經理手冊	360 元
4	財務診斷技巧	360 元
5	內部控制實務	360 元
6	財務管理制度化	360 元
8	財務部流程規範化管理	360 元
9	如何推動利潤中心制度	360 元

為方便讀者選購，本公司將一部分上述圖書又加以專門分類如下：

《主管叢書》

1	部門主管手冊（增訂五版）	360 元
2	總經理手冊	420 元
4	生產主管操作手冊（增訂五版）	420 元
5	店長操作手冊（增訂六版）	420 元
6	財務經理手冊	360 元
7	人事經理操作手冊	360 元
8	行銷總監工作指引	360 元
9	行銷總監實戰案例	360 元

《總經理叢書》

1	總經理如何經營公司(增訂二版)	360 元
2	總經理如何管理公司	360 元
3	總經理如何領導成功團隊	360 元
4	總經理如何熟悉財務控制	360 元
5	總經理如何靈活調動資金	360 元
6	總經理手冊	420 元

《人事管理叢書》

1	人事經理操作手冊	360 元
2	員工招聘操作手冊	360 元
3	員工招聘性向測試方法	360 元
5	總務部門重點工作（增訂三版）	400 元
6	如何識別人才	360 元
7	如何處理員工離職問題	360 元

8	人力資源部流程規範化管理（增訂四版）	420 元
9	面試主考官工作實務	360 元
10	主管如何激勵部屬	360 元
11	主管必備的授權技巧	360 元
12	部門主管手冊（增訂五版）	360 元

《理財叢書》

1	巴菲特股票投資忠告	360 元
2	受益一生的投資理財	360 元
3	終身理財計劃	360 元
4	如何投資黃金	360 元
5	巴菲特投資必贏技巧	360 元
6	投資基金賺錢方法	360 元
7	索羅斯的基金投資必贏忠告	360 元
8	巴菲特為何投資比亞迪	360 元

《網路行銷叢書》

1	網路商店創業手冊〈增訂二版〉	360 元
2	網路商店管理手冊	360 元
3	網路行銷技巧	360 元
4	商業網站成功密碼	360 元
5	電子郵件成功技巧	360 元
6	搜索引擎行銷	360 元

《企業計劃叢書》

1	企業經營計劃〈增訂二版〉	360 元
2	各部門年度計劃工作	360 元
3	各部門編制預算工作	360 元
4	經營分析	360 元
5	企業戰略執行手冊	360 元

請保留此圖書目錄：

　　　未來在長遠的工作上，此圖書目錄可能會對您有幫助！！

建立企業圖書館

當市場競爭激烈時：

培訓員工，強化員工競爭力
是企業最佳對策

「人才」是企業最大的財富。如何提升人才，是企業永續經營、戰勝對手的核心競爭力。積極培訓公司內部員工，是經濟不景氣時期的最佳戰略，而最快速的具體作法，就是「建立企業內部圖書館，鼓勵員工多閱讀、多進修專業書籍」

建議您：請一次購足本公司所出版各種經營管理類圖書，作為貴公司內部員工培訓圖書。 使用率高的（例如「贏在細節管理」），準備 3 本；使用率低的（例如「工廠設備維護手冊」），只買 1 本。

給 總 經 理 的 話

　　總經理公事繁忙，還要設法擠出時間，赴外上課進修學習，努力不懈，力爭上游。

　　總經理拚命充電，但是員工呢？

　　公司的執行仍然要靠員工，為什麼不要讓員工一起進修學習呢？

　　買幾本好書，交待員工一起讀書，或是買好書送給員工當禮品。簡單、立刻可行，多好的事！

經營顧問叢書 �330　　　　　　　售價：420 元

企業要注重現金流

西元二〇一八年七月　　　　　　　　　初版一刷

編著：　劉裕濤　　黃憲仁

策劃：麥可國際出版有限公司（新加坡）

編輯：蕭玲

校對：劉飛娟

發行人：黃憲仁

發行所：憲業企管顧問有限公司

電話：（02）2762-2241　　（03）9310960　　0930872873

電子郵件聯絡信箱：huang2838@yahoo.com.tw

銀行 ATM 轉帳：合作金庫銀行　　帳號：5034-717-347447

郵政劃撥：18410591　　憲業企管顧問有限公司

江祖平律師顧問：紙品書、數位書著作權與版權均歸本公司所有

登記證：行政業新聞局版台業字第 6380 號

本公司徵求海外版權出版代理商（0930872873）

本圖書是由憲業企管顧問（集團）公司所出版，以專業立場，
為企業界提供最專業的各種經營管理類圖書。

圖書編號 ISBN：978-986-369-071-9